Technik des Sichtbetons

Planung und Ausführung von Sichtbetonflächen

Impressum

Herausgeber:
InformationsZentrum Beton GmbH
Steinhof 39, 40699 Erkrath
www.beton.org

Autoren:
Martin Peck
Diethelm Bosold
Thomas Bose

Gesamtproduktion:

www.verlagbt.de

Druck:
B.o.s.s Medien GmbH, 47561 Goch

VLB-Meldung

Peck, Martin / Bosold, Diethelm / Bose, Thomas:
Technik des Sichtbetons
Planung und Ausführung von Sichtbetonflächen
2. überarbeitete Auflage
Erkrath: Verlag Bau+Technik GmbH, 2016

ISBN 978-3-7640-0545-0

Technik des Sichtbetons

Planung und Ausführung von Sichtbetonflächen

Bild: Peri GmbH

Vorwort

Nach der intensiven Entwicklung des Bauens mit Beton und zementgebundenen Baustoffen im 19. Jahrhundert hat sich die Architektur der ersten Hälfte des 20. Jahrhunderts das gestalterische Potenzial des Bauens mit Beton und Stahlbeton mit großer schöpferischer Kraft zu Eigen gemacht. Neben der konstruktiven Struktur gewann die Betonfläche im Gestaltungskonzept zunehmend an Bedeutung. Architekten wie Le Corbusier, Ludwig Mies van der Rohe oder Louis I. Kahn ließen entstehende Betonflächen bewusst sichtbar und integrierten die Darstellung des Baustoffs und der handwerklichen Spuren seiner Verarbeitung in ihre architektonischen Konzepte. Das Planen und Bauen mit Sichtbeton ist bis heute von ungebrochener Aktualität. Kein Baustoff wird konstruktiv und gestalterisch in gleicher Vielfalt eingesetzt wie Beton.

Die möglichen Ausprägungen von Ansichtsflächen aus Beton sind der Variabilität der Betonbauweise entsprechend vielfältig. Betonoberflächen lassen sich durch die Schalungshaut strukturieren, manuell oder maschinell bearbeiten oder auf andere Weise gestalten. Die große Bandbreite der gestalterischen Möglichkeiten dokumentiert die Vielzahl an Experimenten, Entwicklungen und Gestaltungstrends der jüngeren Baugeschichte.

In den Anfängen des bewussten Sichtbarlassens von Betonoberflächen zeigten die Betonbauteile aufgrund der damaligen Schal- und Betontechnik meist sehr raue Flächen mit relativ starken Unebenheiten, Flächenversätzen und mit den groben Texturen der sägerauen oder gehobelten Schalbretter. Das Aussehen vor allem dieser Flächen wurde in dieser frühen Phase entdeckt und angenommen, aber kaum gesteuert, denn Baustoff und Bauverfahren erlaubten wenig Einflussnahme auf das Aussehen der fertigen Flächen.

In der technischen Entwicklung seit etwa 1920 wandelte sich die Betontechnik zu einem Bereich der Ingenieurwissenschaften mit sicherheitsorientierten Bemessungsansätzen und damit zu einer sicheren und dauerhaften Bauweise. Die Fortschritte in Betontechnologie, Betonherstellung und Schalungsbau blieben nicht ohne Einfluss auf die Gestaltung der Flächen. Während im Ursprung des Sichtbetons das Baustoffliche im Vordergrund stand, wurde das Aussehen der Sichtbetonflächen nun zunehmend durch die Beschaffenheit der Schalungshaut und die handwerklichen Einflüsse der Bauverfahren variiert, später zusätzlich durch Methoden der Weiterbearbeitung. Dies erweiterte die Palette möglicher Variationen, verlangte allerdings auch Auswahl und Beschreibung.

Die jeweils bevorzugten Oberflächenmerkmale richten sich nach architektonischen Trends und haben sich über die Zeiten immer wieder geändert. Im nationalen Konsens ist der Begriff Sichtbeton Synonym für eine glatte Betonoberfläche, die üblicherweise in Ortbetonbauweise mit einer ebenfalls glatten, nicht oder schwach saugenden Schalung hergestellt wird. Diese Flächenausprägung rührt aus einer im Ursprung allein baubetrieblich motivierten Entwicklung der Schalungs- und Schalungshauttechnik in den Jahren nach 1960. Das damalige Aufkommen der beschichteten Sperrholzplatten zur wirtschaftlichen Bewältigung großflächiger Schalaufgaben mit vielfachen Schalungshauteinsätzen ergab die Grundmerkmale des glatten Sichtbetons. Namhafte Architekten wie z. B. Stephan Braunfels, Axel Schultes und Tadao Ando haben diese Art Sichtbetonflächen in ihren Gestaltungen meisterhaft kultiviert und brachten der Bauweise einen erheblichen Imagesprung. Die bis in die 1970er Jahre hinein auch für Hochbauten noch häufig gewählten Flächenmerkmale aus mehr oder weniger stark saugender, gehobelter oder sägerauer Brettschalung wurde rasch als „gestrig" empfunden und verschwand bald nahezu völlig aus der Planung. In den letzten zwei Dekaden des letzten Jahrhunderts war der glatte Sichtbeton mit Schalungshautfugen und Ankerlöchern als maßgebende Strukturmerkmale die Sichtbetonfläche der Wahl. Sie ist im Ortbetonbau bis heute die „Standardfläche" des Bauens mit Sichtbeton.

Aus der Entwicklung des glatten Sichtbetons resultierte bei den Architekten und den Bauherren der Wunsch (und beim Ausführenden die Pflicht) zu möglichst makellosen Ansichtsflächen. Makellosigkeit ist aber gerade bei der Herstellung glatten Sichtbetons schwer zu leisten, da der Einsatz einer glatten, nicht saugenden Schalung die entstehenden Oberflächen empfindlich macht gegen geringste baubetriebliche und materialtechnische Einflüsse und eine Reihe von Abweichungen geradezu bedingt bzw. unterstützt. Bis heute gilt die Forderung einer glatten Sichtbetonfläche mit hochwertigen Flächenmerkmalen als technisch anspruchsvolle Bauaufgabe.

Neben der gezielten Lenkung der Flächenmerkmale über Schalungshaut und Baubetrieb bestand international weiterhin ein zeitloser Grundtrend weniger gesteuerter, stofflich dominierter Sichtbetonflächen, der jedoch in Deutschland weitgehend unbeachtet blieb. Aktuell scheint aber auch die deutsche Architektur die Varianz der Flächenausprägungen von Sichtbetonflächen wieder zu erweitern. Nach einer langen Zeit des fast monokulturellen Bauens glatter, möglichst makelloser Flächen mit Ankerlöchern und Schalungshautfugen als strukturelle Hauptmerkmale gibt es derzeit eine erkennbare Hinwendung zu einer „neuen Vielfalt", in welcher die gesamte technische Breite möglicher Flächengestaltungen in die Wahrnehmung gerät. Damit ist offensichtlich eine Trendwende eingeleitet, die sich mit jedem gebauten Beispiel festigt. Mehrfach sind Anlehnungen z. B. an die Sichtbetontradition der Schweiz zu erkennen, in welcher sich neben der Gestaltung der Oberfläche eines Bauteils viele Variationen des (bau)stofflichen Ausdrucks von sichtbaren Betonflächen erhalten haben.

Das Bauen mit Sichtbeton gewinnt bei Architekten und Bauherren auch heute noch zunehmende Verbreitung und Akzeptanz. In den letzten zehn Jahren ist die Planung von Sichtbetonflächen immer häufiger in verschiedensten Gebäuden wie Schulen, Kirchen, Bibliotheken, Banken, Verwaltungen etc. zu beobachten. Der glatte Sichtbeton ist im Gestaltungsalltag der Baukultur angekommen.

Anwendungshinweise
Die nachfolgenden Sachkapitel sind bewusst getrennt in Inhalte, welche den Planer, also den Architekten und den Tragwerksplaner betreffen (Kapitel 1), und solche, welche die Ausführung von Sichtbetonflächen behandeln (Kapitel 2).

Neben den Kapiteln zur Planung und Ausführung werden im Kapitel 3 die Möglichkeiten vorgestellt, Betonflächen farblich zu gestalten.

Das Kapitel 4 behandelt einige Grundsätze und Hinweise zur Beurteilung fertiger Flächen.

Im Kapitel 5 werden die Möglichkeiten des Umgangs mit abweichenden Flächen und deren Nachbesserung behandelt. Vor allem die sogenannte betonkosmetische Bearbeitung von Abweichungen durch qualifizierte Fachbetriebe steht derzeit im besonderen Interesse der Beteiligten. Hierzu hat sich der Stand der Technik (und vor allem der Möglichkeiten) in den letzten Jahren erheblich verändert und erweitert, sodass die verfügbaren Verfahren und deren qualitatives Potenzial aktuell vielleicht noch nicht allen beteiligten Fachgruppen geläufig sind.

In Zuge der Entwicklung der kosmetischen Nachbesserung von Sichtbetonflächen sind auch neue Möglichkeiten des Schutzes und der Konservierung von z. B. witterungsempfindlichen Flächenausprägungen entstanden, die in Kapitel 6 erläutert werden.

Hinsichtlich der Realisierung besonderer Flächenmerkmale, wie z. B. Oberflächenbearbeitungen, gibt es technische Aspekte zu den Herstellverfahren, die für die Planung und für die Ausführung in gleicher Weise zutreffend sind. Redaktionelle Doppelungen in den Kapiteln 1 und 2 sind zielgruppengerecht und gewollt.

Bild: LRO Lederer Ragnarsdóttir Oei, Stuttgart

1 Planung von Sichtbetonflächen

1.1 Regelwerkshintergrund

Die Hauptregelwerke des Betonbaus, das sind zunächst die europäischen und nationalen Normen, haben sich im Jahr 2012 erneut verändert. Hierbei handelt es sich glücklicherweise jedoch weniger um inhaltliche, sondern vor allem um strukturelle Neuregelungen im Zuge der weiteren Europäisierung der Bauregeln. Die Struktur der Normung folgt auch in Zukunft der Verantwortungsteilung zwischen den einzelnen, an der Realisierung eines Bauauftrags beteiligten Fachgruppen. Im Unterschied zu den bisherigen Regelungen gilt fortan für alle Normbereiche die Trennung in eine europäische Leitnorm und eine nationale Präzisierung durch ein sogenanntes Nationales Anwendungsdokument (NAD). Das NAD wurde aus der ursprünglichen deutschen Hauptnorm entwickelt und trägt im Allgemeinen noch die DIN-Nummer als Restbezeichnung. Nach den Verantwortungsbereichen der beteiligten Fachgruppen zeigt sich die aktuelle Normenstruktur wie folgt:

1. Planung/Bemessung
   Europäische Leitnorm: *DIN EN 1992, Eurocode 2: Bemessung und Konstruktion von Stahlbeton- und Spannbetontragwerken*
   Nationale Norm: *DIN EN 1992 NA* [1.01]
2. Baustoff Beton
   Europäische Leitnorm: *DIN EN 206-1, Beton – Festlegung, Eigenschaften, Herstellung und Konformität* [1.02]
   Nationale Norm: *DIN 1045-2, NAD zu DIN EN 206-1* [1.03]
3. Bauausführung
   Europäische Leitnorm: *DIN EN 13670, Ausführung von Tragwerken aus Beton* [1.04]
   Nationale Norm: *DIN 1045-3, NAD zu DIN 13670* [1.05]

Diese Hauptnormen des Betonbaus sind wesentlicher Bestandteil der Umsetzung des nationalen Sicherheitssystems in detaillierte Bauregeln. Für Betonbauteile im Geltungsbereich dieser Normen gelten sie immer – brauchen und können also bauvertraglich weder vereinbart noch ausgeschlossen werden.

Da das Bauordnungsrecht vor allem die unmittelbaren öffentlichen Sicherheitsbelange betrifft (Schutz der öffentlichen Sicherheit und Ordnung), fallen üblicherweise auch nur statisch tragende Bauteile zwingend unter die Regelungen der vorgenannten Normen. In den bauordnungsrechtlich relevanten Regelwerken sind auch Dauerhaftigkeitskriterien enthalten, die nicht dem unmittelbaren Schutz von Leib und Leben, sondern der langfristigen Sicherung der Bausubstanz dienen.

Sichtbetonbauteile können im Einzelfall und im strengen Sinne der Regelungen auch nicht in den Geltungsbereich dieser bauaufsichtlichen Hauptregelwerke des Betonbaus fallen, werden aber auch in solchen Fällen üblicherweise nach, oder in weitestgehender Anlehnung an diese Normen geplant und hergestellt.

Da der praktische Umgang mit „doppelten" Regelwerken für den Baustoff Beton umständlich ist, werden die vorgenannten europäischen Leitnormen und deren NAD zu einem Vorschriftspapier verwoben. Bisher erschienen ist der *DIN-Fachbericht 100 Beton – Zusammenstellung von DIN EN 206-1 und DIN 1045-2* [1.06]. Für die Regelwerke der Planung und der Bauausführung werden ähnliche Zusammenstellungen vorbereitet und sind in Kürze verfügbar. Hierdurch entstehen kompakte Gesamtregelwerke, die im Baualltag das rasche Auffinden und unmissverständliche Verstehen der Norminhalte erleichtern.

Ergänzend und erläuternd zu den vorgenannten Normen gibt es Erläuterungshefte und Richtlinien des Deutschen Ausschuss für Stahlbeton (DAfStb). Das Heft 600 des DAfStb [1.07] enthält Erläuterungen zum Gesamtnormenwerk des EC 2. Die Normen zum Baustoff Beton und zur Bauausführung werden im DAfStb-Heft 526 [1.08] gemeinsam erläutert. Die Inhalte dieser Erläuterungen sind für die Umsetzung der Normregeln ähnlich bindend zu verstehen, wie die Normen selbst.

Ebenfalls Normcharakter haben die Richtlinien des Deutschen Ausschuss für Stahlbeton (DAfStb). Sie sind eigenständige Regelwerke und lehnen sich im inhaltlichen Aufbau an die Normstrukturen an. Die DAfStb-Richtlinien regeln besondere Betonbauweisen oder den Betonbau unter

Bild 1.01: Bundeskanzleramt Berlin, Axel Schultes Architekten, Berlin (Bild: Verlag Bau+Technik)

außergewöhnlichen Anforderungen, soweit diese in den Hauptnormen nicht hinreichend erfasst sind. Die Richtlinien basieren üblicherweise auf den Vorgaben der Hauptnormen und sind inhaltlich mit diesen abgestimmt. Einige dieser Richtlinien sind bauordnungsrechtlich eingeführt.

Außer diesem zentralen technischen Normwerk des Bauens mit Beton- und Stahlbeton gibt es weitere Regelungen, deren Geltungsbereiche vertragsrechtlicher oder bautechnischer Art sein können. Da sind vor allem die Regelungen der sogenannten Vergabe- und Vertragsordnung für Bauleistungen (VOB), die vor allem für die Planung, die Vergabe und die Ausführung von Bauleistungen öffentlicher Auftraggeber erstellt wurden und für diese bindend sind. Die VOB besteht aus drei Teilen mit unterschiedlichen Regelungsbereichen und -inhalten:

- Die VOB, Teil A, *Allgemeine Bestimmungen für die Vergabe von Bauleistungen* [1.09]
- Die VOB, Teil B, *Allgemeine Vertragsbedingungen für die Ausführung von Bauleistungen* [1.10] und die
- VOB, Teil C, Allgemeine Technische Vertragsbedingungen für Bauleistungen (ATV), gelten im formalrechtlichen Sinne nach AGB-Gesetz als die Allgemeinen Geschäftsbedingungen eines Bauvertrages mit den Regelwerken
- DIN 18299, *(ATV) Allgemeine Regelungen für Bauarbeiten jeder Art* [1.11] und deren Präzisierung auf den Betonbau durch
- DIN 18331, *(ATV) Betonarbeiten* [1.12]

Die VOB sind jedoch keine technischen Regelwerke und nur bei der Realisierung öffentlicher Bauaufgaben als rechtliche Rahmenregel zwingend vorgegeben. Allerdings sind die Vorgaben der VOB für die Planung, die Vertragsgestaltung die Ausführung von Sichtbetonarbeiten strukturell besonders geeignet, da sie eine sinnvolle Verantwortungsabgrenzung zwischen Planung und Ausführung einführen und unterstützen.

Wo aber ist der Sichtbeton geregelt? Die vorgenannten Normen und Regelwerke befassen sich vornehmlich mit den technischen Belangen des Betonbaus. Der Sichtbeton, oder das Aussehen von Betonflächen, sind zwar in einigen Einlassungen mit erwähnt, jedoch gibt es in deutschen Normen keine strengen, normähnlichen Regelungen zur Planung oder Ausführung von Sichtbetonbauteilen.

Immerhin liefert DIN 18217 *Betonflächen und Schalungsbau* von 12/1981 [1.13] aus heutiger Sicht eine Art „Urdefinition" des Sichtbetons: diese Norm erklärt Sichtbeton als Betonflächen mit Anforderungen an das Aussehen. Wirklich hilfreich ist eine derartige Definition allerdings nicht. Die Norm ist in der letzten Fassung mehr als ein Vierteljahrhundert alt und, zumindest was den Sichtbeton betrifft, im Grunde unbedeutend. Die Rücknahme dieser Norm wird derzeit vorbereitet.

Die Merkmale einer Betonfläche in Art einer allgemeingültigen Vorschrift zu regeln ist schwierig: Sichtbeton ist nahezu nie ein exakt beschreibbares Gestaltungsziel, sondern beruht ursächlich auf den individuellen gestalterischen Vorstellungen des planenden Architekten oder des Bauherrn. Guter Sichtbeton ist stets Sichtbeton, der gefällt, und zwar vor allem dem Besteller, also dem Gestalter (Architekt) und natürlich

Bild 1.02: Bibliothek Königgrätz (CZ) (Bild: Peri GmbH)

dem Bauherrn. „Gefallen“ aber ist ausgesprochen subjektiv und bauliche Gestaltung ist immer ein Gesamtkonzept aus Flächen, Strukturen, Farben und Materialien. Unter den Gegebenheiten des jeweiligen konzeptionellen Kontextes kann eine grobe, stofflich dominierte Oberfläche mit deutlichen handwerklichen Spuren ebenso ein strenges Gestaltungsziel sein wie der beim klassischen glatten Sichtbeton übliche Anspruch maximaler Makellosigkeit. Sichtbeton braucht also keine Normung, sondern Sprachregelungen und Begriffsdefinitionen, welche die Kommunikation zwischen dem Planer und dem Ausführenden unterstützen und den Beteiligten die gestalterische Vorstellung und ihre technische Umsetzung mit möglichst großer Klarheit erläutern.

Der Deutsche Beton- und Bautechnikverein und die beratenden Organe der Zement- und Betonindustrie haben aus diesem Grunde bereits 1997 das bekannte Merkblatt Sichtbeton [1.14] erarbeitet und veröffentlicht. Wegen eines fortgeschrittenen Erkenntnisstands und angesichts einer veränderten Rechts- und Sachlage wurde das Merkblatt mit der Auflage 2004 überarbeitet und grundlegend neu gefasst. Hierbei wurde vor allem auf eine stärkere Unterstützung der Planung Wert gelegt. Im September 2015 ist die stark überarbeitete Neuauflage des Merkblatts erschienen. Die Neuauflage nimmt die Erkenntnisse der mehr als zehn Jahre der Anwendung des Merksblatts auf und markiert den Stand der Erkenntnisse zur Planung, Ausführung und Beurteilung von Ansichtsflächen aus Beton im fachlichen Konsens der beratenden Organisationen. Das Merkblatt Sichtbeton ist, ohne den strengen Regelungscharakter einer Norm, heute ein national anerkanntes Regelwerk der Sichtbetontechnik im Ortbetonbau. Parallel zum Merkblatt Sichtbeton hat auch die Fachvereinigung Betonfertigteilbau ähnliche Regeln für architektonische Flächen an Betonfertigteilen eingeführt [1.15; 1.16]. Diese Merkblätter sind inhaltlich kürzer gefasst, da die Fertigteiltechnik aufgrund der besonderen Herstellungsumstände naturgemäß nicht die technische Regelungstiefe des Ortbetonbaus erfordert.

1.2 Aufgaben und Verantwortlichkeiten

Hinsichtlich der Planung von Betonbauwerken ist zunächst generell festzustellen, was der richtige Planungsinhalt ist, also „wie viel" der Planer planen sollte und vor allem: was nicht in seinen Verantwortungsbereich fällt. Diese Abgrenzung zwischen den originären Pflichten der Planung und denen der Ausführung fällt vor allem den Planenden in der Praxis häufig schwer und führt oft zu unklaren Verantwortlichkeiten, die den Planer belasten und den Ausführenden in seiner Arbeitsplanung erheblich beschränken können.

Die Verantwortung des Planers ist, das Leistungssoll hinreichend und vollständig zu beschreiben, ohne jedoch den Ausführenden in der freien Wahl der Bauverfahren und -materialien sowie in seiner Innovativität einzuschränken.

Die Verantwortungsabgrenzung zwischen Planung und Ausführung kann als *»Ziel-Weg-System«* betrachtet werden. Aufgabe des Planenden ist es, die bauvertragliche *Zielsetzung* in allgemeingültiger Fachsprache, also in der Begrifflichkeit der zutreffenden technischen Regelwerke zu formulieren. Der Ausführende übernimmt mit der Verantwortung für die Erfüllung der Bauaufgabe den Auftrag, unter den geltenden Bedingungen seinen wirtschaftlichen und technisch geeigneten Weg zur Realisierung der planerischen Zielsetzung zu wählen bzw. zu entwickeln (es gibt immer mehrere Wege). Hierzu setzt er seine fachliche Qualifikation und Erfahrung ein. Die weitgehende Freiheit der Wahl von Material und Verfahren ist für den Ausführenden die Motivation zu innovativem Handeln und darf deshalb möglichst wenig eingeschränkt werden.

Werden bereits in der Ausschreibung und im nachfolgenden Bauvertrag Ziel und Weg vermischt, ist es meist schwierig, diese Unschärfen im praktischen Alltag der Ausführung und der planerseitigen Bauleitung zu bewältigen.

1.2 Aufgaben und Verantwortlichkeiten

In der Praxis bedeutet dies, dass der Architekt in Ausschreibung und Bauvertrag prinzipiell das gewünschte Flächenergebnis beschreibt, und nicht, wie es herzustellen

Bild 1.03: Mercedes-Benz-Museum (Bild: Peri GmbH)

ist. Das baubetriebliche Vorgehen des Ausführenden ist nicht Gegenstand und Belang der Planung. Leider findet man in Bauverträgen zur Herstellung von Sichtbetonbauteilen oft Eingriffe in diesen Verantwortungsbereich des Ausführenden, so z. B.:

- Beschränkungen bzw. Vorgaben zur Betonzusammensetzung (Zementgehalt, Zementart, w/z-Wert, Wassergehalt, Einsatz von Zusatzmitteln bzw. Zusatzstoffen, Kornaufbau der Gesteinskörnung etc.)
- Vorgaben zum Vorgehen beim Fördern und Verarbeiten des Betons
- Vorgaben zur Nachbehandlung (nicht Nachbearbeitung) des Betons
- Sonstige Vorgaben bzw. Beschränkungen des Baubetriebs

Derartige Übergriffe in den Verantwortungs- und Innovationsbereich des Ausführenden sind meist durch die im Grunde wohlmeinende Absicht des Planers motiviert, den nach eigener Meinung richtigen Weg zum Ziel vertraglich vorzugeben und die Qualität der Flächen durch baubetriebliche Auflagen abzusichern.

Die Zusammenstellung solcher vertraglichen Forderungen zum baubetrieblichen Vorgehen fußt im Allgemeinen jedoch nicht auf vertieften baubetrieblichen Kenntnissen, sondern entstammt meist einer Chronologie früherer Bauverträge und erscheint bei genauer Prüfung oft technisch inkohärent und „zusammengewürfelt". Im Ergebnis ergibt sich aus solchen vertraglichen Forderungen zum baubetrieblichen Vorgehen meist kein Weg zum Ziel.

Da der Planer mit diesen Forderungen in den Verantwortungsbereich des Ausführenden eingreift, fällt ihm nachfolgend zumindest auch eine Teilverantwortung zu für den Fall, dass das vertraglich vorgeschriebene Vorgehen nicht den gewünschten Erfolg zeigt.

Die vertragsgemäße Beschreibung der Leistung Sichtbeton beschränkt sich z. B. bei einem glatten Sichtbeton im Allgemeinen auf die Beschreibung der geforderten Flächenmerkmale (Sichtbetonklasse, glatt, mit nicht oder schwach saugender Schalung hergestellt), die Beschreibung der Flächenstruktur (Schalungsmusterplan) und auf einige zusätzlich Forderungen hinsichtlich der Farbtönung der Flächen.

Allerdings gibt es Fälle, in denen die fachsprachlich richtige und genaue Bezeichnung eines Gestaltungsziels üblicherweise (und am besten) über die Nennung baubetrieblicher Verfahren geschieht (z. B. Stocken, Waschbeton, Säuern etc.). Dies sollte jedoch auf Situationen und Vorgänge beschränkt werden, in denen diese Verfahren eindeutig feststehen, fachlich richtig ausgedrückt und zum Erreichen des Gestaltungsziels (oder zu dessen Preisfindung) erforderlich und geeignet sind.

Mit Abschluss des Vertrages „schuldet" der Ausführende die vereinbarte Beschaffenheit der Sichtbetonflächen und dies umfasst selbstverständlich die Verpflichtung zur Auswahl eines geeigneten Betons, zur fachgerechten Planung eines zielführenden baubetrieblichen Vorgehens und zur Beachtung der für den allgemeinen Beton- und Stahlbetonbau geltenden Regeln der Technik.

Diese baubetriebliche Planung des Ausführenden (Baustoffe, Schalung und Schalungshaut, technische Verfahren) definiert ihre Eignung allein über das entstehende Flächenergebnis: entspricht dies den ver-

Bild 1.04: Stampfbeton, Waldfriedhof Landsberg am Lech (Bild: Flex)

traglichen Vorgaben, war das baubetriebliche Vorgehen richtig, verfehlen die Flächen die vertraglichen Forderungen, hat der Ausführende die Materialien (Schalung, Schalungshaut, Beton) und/oder seine technischen Verfahren zu optimieren, bis die vertragliche Qualität erreicht ist. Erfolg oder Misserfolg des baubetrieblichen Vorgehens definieren sich allein über die Erfüllung der vertraglich geforderten Flächenbeschaffenheit und liegen allein in der Verantwortung des Ausführenden.

Es wird klar, dass diese Verantwortungsteilung unscharf wird, wenn Architekt oder Tragwerksplaner übermäßig in die baubetriebliche Planung eingreifen, da bei einem Misserfolg im Allgemeinen nicht mehr analysierbar ist, ob die baubetrieblichen Vorgaben des Vertrages oder die praktischen Ergänzungen des Ausführenden den Misserfolg verursacht haben – wen also welche Verantwortung letztlich betrifft.

Der technische Handlungsspielraum und damit die Verantwortung des Ausführenden sind in der inhaltlichen Struktur des Merkblatts Sichtbeton und in der VOB C, Allgemeine Technische Vertragsbedingungen, DIN 18331 Betonarbeiten, beschrieben:

- In DIN 18331 [1.12], Pkt. 3.2, *Herstellen des Betons* heißt es: *„Es bleibt dem Auftragnehmer überlassen, wie er den Beton zur Erreichung der geforderten Eigenschaften herstellt, mischt verarbeitet und nachbehandelt."*
- In DIN 18331, Pkt. 3.3, *Schalung und Betonflächen* heißt es: *„Die Wahl der*

Festlegung des vertraglichen Bau- *Ziels* (Verantwortung der Planung)

Festlegung der technischen Eigenschaften des fertigen Bauteils und des Aussehens der Flächen

Konstruktive Kriterien	Wer?	Regelwerke	Vertragliche Unterlagen	Beispiele
Betondruckfestigkeitsklasse	Tragwerks-planer	DIN EN 206-1/ DIN 1045	Leistungstexte und Ausführungspläne	C25/30
Dauerhaftigkeit				Expositionsklassen (z.B. Außenbauteil XC4, XF1)
Bewehrungsinhalt				Bewehrungspläne
Betondeckung				Bewehrungspläne, Verlegemaß ≥ 2 x (erwarteter Größtkorndurchmesser)

Architektonische Kriterien	Wer?	Regelwerke	Vertragliche Unterlagen	Beispiele
Bauteilgeometrie	Architekt		Werk-/Schalpläne	
Sichtbetonklasse		Merkblatt Sichtbeton	Leistungstexte, ZTV	Sichtbetonklasse SB3
Schalungssystem				Großflächenschalung, nicht saugende Schalhaut
Flächentextur /-struktur				glatt
Flächengliederung			Schalungsmusterplan	regelmäßiges Raster der Schalhautfugen und der Ankerlöcher
Ankerlöcher				
Kantenausbildung			ZTV	gebrochene Kanten
Farbigkeit				möglichst hell, Zementwahl in Abstimmung mit dem Architekten
Ungeschalte Flächen				handgeglättet

Festlegung eines geeigneten *Wegs* (Verantwortung der Ausführung)

Auswahl und Planung baubetrieblicher Verfahren, Materialien sowie qualifizierten Personals

Verfahren/ Materialien	Wer?	Regelwerke	Auswahlkriterien	vertraglich Beteiligte
Schalsystem	Ausführender	DIN 1045/ Normen Schalungsbau	Schalungshersteller	ggf. Nachunternehmer
Schalhaut				
Trennmittel			Erfahrung und Erprobung	
Bewehrung mit Einbau		DIN EN 206-1/ DIN 1045		
Betonzusammensetzung			Erfahrung und Erprobung, Zementauswahl in Abstimmung mit dem Architekten	Transportbetonhersteller (Betontechnologie, Disposition)
Bestell- u. Lieferroutinen				
Einbauverfahren				
Verdichtungsverfahren				ggf. Nachunternehmer
Ausschalfristen				
Nachbehandlung				

Bild 1.05: Ziel/Weg-Trennung Aufgaben- und Verantwortungsteilung bei der Realisierung von Sichtbetonbauwerken

Schalung nach Art und Ausführung bleibt dem Auftragnehmer überlassen."

Diese Regelungen gelten auch für die Ausführung von Sichtbetonbauteilen und zeigen die vertraglich einzuhaltende Trennung der Verantwortungsbereiche von Planung und Ausführung. Im Kapitel 1.4 *Ausschreibung und Bauvertrag* wird vertieft auf die Umsetzung dieser Verantwortungsteilung eingegangen.

1.3 Techniken der Flächengestaltung

1.3 Techniken der Flächengestaltung

Auf dem Weg zur Entscheidung einer Flächengestaltung ist sehr früh zwischen der Ortbeton- und der Fertigteilbauweise zu entscheiden.

In der Ortbetonbauweise wird häufig das inzwischen klassische Flächenzitat einer glatten, betongrauen und möglichst makellosen Betonflächen geplant und gebaut. Diese Bauteilflächen werden typischerweise mit einer nicht oder schwach saugenden Schalungshaut hergestellt. Die Hauptgestaltungsmerkmale sind meist orthogonal systematisierte Schalungshautfugen und geordnet platzierte Ankerlöcher. Aufgrund der immer erkennbaren baubetrieblichen Einflüsse des Ortbetonbaus zeigen solche Betonflächen herstellungsbedingt stets eine gewisse Varianz und „Tiefe" der Farbtönung und der Feintextur und sind dadurch von individuellem Aussehen. Allerdings können glatte Betonflächen, vor allem solche mit besonders makellosen Oberflächen, auch an Betonfertigteilen hergestellt werden. Betonfertigteilflächen können im Gegensatz zu Ortbetonflächen erheblich vielfältigere Arten der Flächentextur und -gestaltung erhalten. Sie sind frei von den sichtbaren baubetrieblichen Spuren des Ortbetonbaus und die einzelnen Bauteile haben maximale Einzelabmessungen, die vor allem durch Herstellung und Transport begrenzt sind. Die Fertigteilflächen im oder am Gebäude zeigen deshalb stets eine relativ große Mindestanzahl sichtbarer und gestalterisch zu adaptierender Fugen.

In den nachstehenden Erläuterungen zu den Möglichkeiten der Flächengestaltung wird jeweils auf die mögliche oder günstige Herstellungsart eingegangen.

1.3.1 Gestaltung durch die Schalungshaut

Die Gestaltung einer Sichtbetonfläche durch die Schalungshaut ist der übliche und typische Fall in der aktuellen und der historischen Sichtbetontechnik. Der plastisch-flüssige Frischbeton erhärtet in der Schalung und die Oberflächen des Bauteils zeigen das texturelle Negativ der Schalungshautoberfläche.

Die nachstehend behandelten Arten von Sichtbetonschalungen (Brettschalungen, Holzplattenschalungen etc.) können in verschiedenen Techniken als Aufdoppelung auf einer Spar- oder Rahmenschalung verarbeitet werden. Die Planung sollte eindeutig entscheiden, ob die jeweiligen Befestigungsmittel (Schrauben, Nägel u. Ä.) im

Bild 1.06: Gestockte Innenflächen, HFF München, Peter Böhm (Bild: BetonBild)

Bild 1.07: Sichtbetongestaltung als Ortbetonbauweise, Galileo Oberpfaffenhofen, Axel Schultes (Bild: Peri GmbH)

Flächenbild des Betons sichtbar bleiben sollen oder nicht. Letzteres ist im Allgemeinen nur durch eine erheblich aufwendigere, rückwärtige Verschraubung der Schalungshaut zu erreichen. Hierzu sollte möglichst eine gesonderte Leistungsposition vorgesehen werden, alternativ kann diese Arbeit auch einer geeigneten Hauptposition zugeschlagen werden, was jedoch in den entsprechenden Leistungstexten eindeutig erkennbar sein muss.

Brettschalung

Die sogenannte Brettschalung ist die älteste Art des Formenbaus in der Betontechnik. Sie arbeitet mit natürlichen Holzoberflächen: unbehandelte Nadelholzbretter, die im Allgemeinen nur wenige Schalungseinsätze aushalten.

Die ersten Schalungen wurden aus ungespundeten, sägerau hergestellten Brettern in unregelmäßigen Brettbreiten von Zimmerern zusammengebaut. Die Bretter wurden verwendet wie geliefert oder gelagert: neue Bretter neben gebrauchten, feuchte Bretter neben trockeneren, oft wurden auch mehrere Holzarten nebeneinander verbaut. Diese Schalungen waren aufgrund der vielen, ungespundeten Brettfugen und dem unterschiedlichen Trocknungszustand und -verhalten sehr undicht, was bei den damals eingesetzten, erdfeuchten Stampfbetonen letztlich ohne sichtbaren Effekt blieb. Die potenziell stark saugenden Schalhäute aus rohem Holz erzeugten an der Betonoberfläche die ihnen eigene raue Oberflächentextur, verhinderten aber Ausblutungen und die Bildung von Poren an der Bauteiloberfläche sehr zuverlässig, da oberflächennahe Luft- und Wasserblasen in das Holz eingesogen wurden. Der grobe Schalungsbau ergab keine exakten Kanten, erforderte aber z. B. auch kaum Dreikant-

Bild 1.08: Sägeraue Brettschalung (Bild: Peri GmbH)

leisten oder ähnliche Maßnahmen zur Kantenausbildung.

Der Start der „Moderne" im Betonbau kam etwa in den 1960er Jahren. Das Wissen um Baustoff und Bautechnik vervielfachte sich in kürzester Zeit. Die gleichzeitige rasante Entwicklung der Baumaschinen- und Bauverfahrenstechnik unterstützte und erforderte die Verarbeitung von Betonen mit plastisch-flüssigen Konsistenzen. Diese Betone und Einbauverfahren erforderten aber dichtere Schalungen mit exakteren Abmessungen. Es wurden zunehmend gespundete Bretter zum Schalungsbau eingesetzt. Der Einsatz von Schalölen als Konservierungs- und Trennmittel ermöglichte bei glatteren Brettoberflächen den häufigeren Einsatz der Schalungshaut. Es war wirtschaftlicher, die Nadelholzbretter zu hobeln und zu größeren Schalelementen zusammen zu bauen, die mehrfach und ohne

Bild 1.09: Gehobelte Brettschalung (Bild: Peri GmbH)

Zwischendemontage eingesetzt und von leistungsfähigen Kränen versetzt wurden. Aus der ungespundeten, sägerauen Brettschalung wurde die gespundete, gehobelte Brettschalung, die in einigen Teilbereichen der Architektur und der Bautechnik (z. B. Brückenbau) bis heute aktuell ist.

Zur Herstellung von Sichtbetonflächen mit Brettschalung ist entsprechende Erfahrung im handwerklichen Umgang mit den Schalmaterialien und deren Wechselwirkung mit frischem Beton erforderlich. Die spezifischen Kenntnisse beim Bau und bei der Verwendung von Brettschalung sind jedoch am Markt und aus der Ausbildung der einschlägigen Bauberufe weitgehend verschwunden. Bei der Planung sollte die Herstellung hochwertiger Sichtbetonflächen mit Brettschalung deshalb als Bauaufgabe besonderer Schwierigkeit betrachtet werden. Zumindest sollte der Ausführende entsprechende baubetriebliche Erfahrungen nachweisen können. In jedem Falle sollten die gewünschten Flächenergebnisse zunächst an Probebauteilen geübt und entwickelt werden.

Baubetrieblich sind beim Einsatz einer Brettschalung u. a. folgende Punkte zu beachten:

- Im Ersteinsatz muss eine neue Schalungshaut mit Zementleim oder Beton vorgealtert werden, da manche Holzinhaltsstoffe auf den frischen Beton erhärtungsstörend wirken und an der Betonfläche waschbetonartige Flächenbilder und Fehlstellen erzeugen können. Anstatt der aufwendigen Vorbehandlung mit Zementleim oder Beton kann auch ein zweimaliges Aufsprühen 3- bis 5%iger Natronlauge mit mehrstündiger Zwischentrocknung genügen (Erprobung – Arbeitsschutz beachten!).

- Beim Erstkontakt mit Frischbeton wird nicht nur Wasser, sondern der Zementleim (Wasser + Zement + feinste Gesteinskörnung) in das Porensystem des Holzes eingesogen. Der Zementleim erhärtet im oberflächennahen Porensystem des Holzes und verbleibt dort. Dies verändert das Saugverhalten des Porensystems von Einsatz zu Einsatz.

- Wechselnde Feuchtezustände in Schalungshölzern können Quellen und Schwinden und damit erhebliche Verformungen bewirken. So können sich z. B. Brettfugen von zu feucht verbauten Schalbrettern bei nachfolgender Trocknung öffnen und undicht werden. Eine zu trocken montierte Schalung kann sich beim Kontakt mit dem frischen Beton durch Quellen verwerfen.

Aus diesen Gründen ergibt sich bei Schalhäuten aus unbehandeltem Holz oft erst beim zweiten oder dritten Einsatz ein einigermaßen konstantes Flächenbild, dass sich aber dennoch bei den folgenden Einsätzen zumindest in der Helligkeit des Farbtons weiter verändern kann, da das saugende Verhalten der Schalungshaut prinzipiell erhalten bleibt.

Glatte Schalung

Die glatte Schalung ist Synonym für einen Schalungshauttyp mit festgelegten Merkmalen, der für gleichartige Gestaltungsziele eingesetzt wird. Glatte Schalungen ergeben glatte Betonoberflächen. Die strukturellen Gestaltungsmerkmale derart hergestellter Flächen sind die Schalungshautfugen und, an Wänden, die durch die notwendige Verspannung der Schalungsseiten auftretenden Ankerlöcher.

Die Möglichkeiten der bewussten, geplanten Variation glatter Sichtbetonflächen sind mit einer glatten Schalung naturgemäß gering und beschränken sich im Allgemeinen auf Forderungen zur Fugenstruktur sowie zur Gleichmäßigkeit, Tönung, und Helligkeit der Flächen. Die letzteren Eigenschaften werden überwiegend über den eingesetzten Zement gesteuert, die Gesteinskörnungen haben mit Ausnahme des Feinsandes im Allgemeinen nur einen vernachlässigbaren Einfluss auf die Färbung einer Betonfläche. Die Farbtönungen von Zementen und der daraus hergestellten Betone können je nach Art und Herkunft der Ausgangsstoffe stark variieren. Üblicherweise wählt der Architekt aus den durch den Ausführenden vorgeschlagenen Betonen einen farblich passenden aus. Zur Unterstützung der Auswahl kann es hilfreich sein, Baustellen zu besuchen, an denen die in Frage kommenden Betone eingesetzt wurden.

Wenn im üblichen Lieferradius für Transportbeton kein farblich passender Beton gefunden werden kann, kann in Grenzen durch die Zugabe von Pigmenten nachgesteuert werden. Hierbei ist grundsätzlich zu unterscheiden, ob der gesuchte Flächenfarbton noch einem Normalbeton entsprechen soll, oder ob eine baustofffremde Färbung (Rot, Gelb, Ocker etc.) gewünscht ist. Baustofffremde Färbungen werden im Kapitel „Fläche und Farbe" besprochen. Die Erzielung eines grauen Betonfarbtons, der allein mit den zur Verfügung stehenden Zementen nicht erreicht wird, kann je nach Farbziel durch die Zugabe geringer Mengen aufhellender (Titandioxid), oder abdunkelnder (Eisenoxidschwarz) Pigmente erreicht werden. Hierdurch werden jedoch Mehraufwände durch die eingesetzten Materialen, den erhöhten Herstellungsaufwand und die höhere baubetriebliche Sorgfalt zu vergüten sein.

Die Merkmale „glatt" und „nicht saugend" suggerieren, dass sich beim Einsatz einer solchen Schalungshaut stereotype Flächenbilder in beliebiger Anzahl reproduzieren lassen und die fertigen Flächen abgesehen von der durch den Architekten vorgegeben Einteilung von Elementfugen und Ankerlöchern wenig stoffliches oder handwerkliches Eigenleben zeigen. Aus diesem Grunde wird der Einsatz einer solchen Schalungshaut vor allem dann vorgesehen, wenn die Vorstellungen des Architekten Flächen maximaler Makellosigkeit erwarten. Leider ist es jedoch nicht so, dass Baustoff und Bautechnik ihre natürlichen Varianzen an glatten Betonflächen nicht zeigen. Im Gegenteil erscheinen stoffliche oder baubetriebliche Einflüsse im Flächenbild einer glatten, also im Grunde texturlosen Betonfläche, sehr auffällig und werden rasch als unerwünschte Abweichung empfunden. Gestaltungen mit detaillierten subjektiven Vorstellungen zum Aussehen der Sichtbetonflächen, die mit der Forderung auftragstreuer und toleranzarmer Herstellung der gewünschten Flächenmerkmale einhergehen, erfordern in der Ausführung hinreichende Vorbereitungen und Erprobungen.

Die zur Herstellung glatter Sichtbetonflächen verwendeten Schalungshäute unterscheiden sich prinzipiell nicht von den Materialien, die im üblichen Betonbau ohne Flächenanforderungen eingesetzt werden. Schalungshaut und Trennmittel sollten deshalb nach positiven Erprobungsergebnissen entschieden und beschafft werden.

Die Erfahrungen aus Forschung, Entwicklung und schließlich aus der Praxis belegen auch, dass der häufig vertraglich verlangte „einmalige Schalungshauteinsatz" eine aufwendige, mit Blick auf die Flächenergebnisse aber letztlich abwegige Maßnahme darstellt, da viele der aktuell am Markt angebotenen Schalungshautmaterialien erst beim zweiten und dritten Ein-

Bild 1.10: Glatte, nicht bzw. schwach saugende Schalungshaut, Mehrschichtensperrholz mit Beschichtung (Bild: Doka GmbH)

satz ein qualitätsrobustes Flächenergebnis entwickeln und bei pfleglicher Behandlung mindestens zehn und bis zu dreißig und mehr Einsätze mit völlig konstanten Flächenergebnissen zeigen können. Vertragliche Limitierungen der maximalen Einsatzzahlen einer Schalungshaut mit dem Ziel der qualitativen Absicherung der Flächenergebnisse sind nur in sehr wenigen, begründeten Einzelfällen sinnvoll und zielführend.

Die Beurteilung fertiger Flächen im Orts- und Arbeitskontext einer Baustelle hat ihre Eigenheiten, die sich auf den Beurteilenden und damit auf sein Urteil auswirken und charakteristische Fehleinschätzungen provozieren können. Erfahrungsgemäß veranlassen die Umstände einer typischen Abnahmesituation den Beurteilenden überwiegend zu strengen und wenig toleranten Qualitätseinschätzungen. Tatsächlich zeigt aber die Erfahrung, dass Sichtbetonflächen, die bei der Erstbemusterung als abweichend oder mangelbehaftet bewertet wurden, nach der Fertigstellung des Innenausbaus oder des äußeren Umfelds als sehr gelungen empfunden wurden. Im Materialmix mit den Oberflächen der Innenausstattung oder im strukturellen Kontext mit dem fertigen Gebäude wirken „lebendigere" Sichtbetonflächen letztlich oft wesentlich attraktiver als makellose.

Naturnahe Schalplatten

Naturnahe Schalplatten gibt es von fast allen Herstellern von Schalungsmaterialien in unterschiedlichen Ausführungen, Abmessungen und Güten. Üblicherweise handelt es sich um etwa 2 cm dicke Platten mit gehobelten Oberflächen aus gleichartigen Hölzern, die herstellungsseitig farblich erkennbar lasiert sind (Gelb, Braun etc.). Diese Lasur ist keine feuchtigkeitssperrende Beschichtung und trägt sich meist nach wenigen Einsätzen ab. Der Brettaufbau kann mehrschichtig oder einschichtig sein. Manche Platten werden durch eine seitliche Stahlfassung gehalten, andere sind nur verleimt. Die jeweiligen Plattengrößen sind standardisiert, meist in einem Länge/Breite-Verhältnis von 1:3 bis 1:4, wobei die kürzeste Seitenabmessung bei etwa 50 cm liegt. Es gibt mehrschichtenverleimte Platten mit meist drei oder vier Holzschichten und Vollholzplatten.

Im allgemeinen Beton- und Stahlbetonbau werden diese Schalplatten überwiegend als preisgünstige Schalungen für untergeordnete Schalarbeiten ohne Oberflächenanforderungen eingesetzt. Je nach Holzart, Güte und Umgang ermüden diese Schalungen relativ rasch, die üblichen Einsatzzahlen bewegen sich zwischen drei bis maximal sechs Einsätzen.

Bei der Herstellung von Sichtbeton werden die naturnahen Schalplatten in Deutschland überwiegend an Deckenuntersichten eingesetzt. Der Brettabdruck ist im Flächenbild deutlich zu erkennen, auch die Holzstruktur ist trotz einer überwiegend sehr glatten Hobelung üblicherweise gut erkennbar, was durch das partiell unterschiedliche Saug-und Quellverhalten der angeschnittenen Holzstruktur unterstützt wird. Sofern

Bild 1.11: Verwaltungsbau Zolling, Benkert Boesel Hohberg Architekten (Bild: Koepke)

die Holzstruktur betont werden soll, kann dies z. B. durch den Einsatz von Platten mit gebürsteten Flächen geschehen.

Vor allem in der Schweiz ist diese Art der Schalungshaut bei der Planung und Herstellung von Sichtbeton auch an vertikalen Wandflächen weit verbreitet und häufig verwendet. Diese Schalplatten ergeben ein sehr charakteristisches Flächenbild, das aufgrund der natürlichen Variation der Holzeigenschaften stets eine deutliche Spannweite in der Farbtönung der Flächen erzeugt. Allerdings ist diese Art der Schalungshaut im Hinblick auf die Intensität und Häufigkeit stark auffälliger Abweichungen sehr gutartig, da die leicht saugende Wirkung des Holzes viele mineralische Erhärtungsprodukte, die im glatten Flächenbild einer nicht saugenden Schalungshaut auffällig auftreten können, kompensiert.

Bei der Verwendung naturnaher Schalplatten ist zu beachten, dass die einzelnen Platten in den Stoßfugen nicht gespundet sind und einen zusätzlichen Aufwand zur Abdichtung durch geschlossenzellige Abdichtbänder (Neopren o. Ä.) erfordern. Hierauf sollte bei der Abschätzung der Kosten und bei der Gestaltung von Ausschreibung und Bauvertrag geachtet werden. Es empfiehlt sich, die potenziellen Bieter auf die preisliche Berücksichtigung dieses Sonderaufwands hinzuweisen.

Matrizen / Matrizenschalungen

Die sogenannten Matrizen sind elastische, aus Kunststoffen hergestellte Schalhäute oder Schalungen. Matrizen werden genutzt, um Ansichtsflächen vorgabentreu zu texturieren. Die Matrizenoberfläche ist das hergestellte Negativ des am Betonbauteil gewünschten Oberflächenbildes. Die übli-

Bild 1.12: Sichtbetonhaus, Maio & Maio Architekten (Bild: Dobmeier)

chen Texturtiefen bewegen sich zwischen wenigen Millimetern und bis zu 80 mm, in Einzelfällen sind unter Ausschöpfung der herstellungstechnischen Möglichkeiten auch tiefere Strukturen möglich.

Die Matrizenhersteller bieten katalogisierte Standardtexturen an. Die Flächentexturierung über Matrizen eignet sich aber besonders für Sondertexturen und künstlerische Einzelfertigungen, bei denen zunächst eine Originalskulptur oder ein Relief aus Gips, Holz o. Ä. hergestellt werden, die dann im Negativ durch einen zunächst flüssigen und dann gummielastisch erhärtenden Kunststoff abgegossen werden. Der erhärtete elastische Abguss ist die unmittelbare Schalungshaut bzw. Schalung zur Herstellung der gewünschten Betonflächen oder -bauteile. In dieser Verwendung können diese Kunststoffmatrizen bei entsprechender Pflege weit über 100 Einsätze mit gleichmäßigem Flächenbild leisten.

In der Schalungstechnik unterscheidet man Matrizen und sogenannte Matrizenschalungen. Matrizen bestehen aus einer gummielastischen Kunststoffmatte mit einer mittleren Rückendicke von ca. 8 bis 10 mm, hinzu kommt die jeweilige Strukturtiefe. Matrizen sind „einstofflich", bestehen also durchgehend aus dem gleichen, gummielastischen Kunststoff. Zur Herstellung der Struktur wird meist das o. g. Abgussverfahren eingesetzt, alternativ werden auch warmhärtende Kunststoffe verwendet, bei denen die Textur vulkanisierend hergestellt wird.

Matrizenschalungen haben meist einen „zweistofflichen" Aufbau – die texturgebende Schicht besteht aus gummielastischem Kunststoff, dahinter ist im Allgemeinen ein Rücken aus einem verstärkten Schaumstoff. Dieser Schalungsaufbau eignet sich für die Herstellung von Texturtiefen über 20 mm und vereinfacht das Handling der einzelnen Elemente, da zum einen das Gewicht erheblich reduziert wird und der

Bild 1.13: Fertigteilfläche – hergestellt mit Bambusstrukturmatrize (Bild: Reckli GmbH)

Bild 1.14: Fertigteilflächen – hergestellt mit Bambusstrukturmatrize (Bild: Reckli GmbH)

Bild 1.15: Fertigteilflächen – hergestellt mit Fotogravurmatrize (Bild: Reckli GmbH)

Rückenaufbau den einzelnen Elementen eine hinreichende Steifigkeit verleiht. Bei Verwendung einer elastischen Schalungshaut sind auch Texturen mit Hinterschneidungen möglich, die sich aufgrund der hohen Elastizität der eingesetzten Kunststoffe meist problem- und schadlos entformen lassen.

Seitens der Planung ist zu beachten, dass Matrizen und Matrizenschalungen begrenzte Elementgrößen haben. Zwar können sämtliche geometrischen Flächenformen nach Planvorgaben hergestellt werden, jedoch entstehen Elementfugen und Texturwiederholungen, wenn die Größe der geplanten Sichtbetonfläche die maximalen Elementgrößen von Matrize oder Matrizenschalung übersteigt. Bei entsprechender Sorgfalt können die Elementfugen nahezu unsichtbar ausgeführt werden. Schalungshautmatrizen müssen in jedem Falle auf eine Trägerplatte aufgeklebt werden. Die weit steiferen Matrizenschalungen können bei manchen Anwendungen einfach in die Schalung eingestellt oder eingelegt werden. Üblicherweise werden aber auch die Matrizenschalungen aufgeklebt. Seitens der Tragwerksplanung ist zu beachten, dass die vorgeschriebene Betondeckung auch an texturierten Ansichtsflächen sichergestellt sein muss.

Die Flächengestaltung mit Kunststoffmatrizen wurde in den Jahren von etwa 1965 bis 1980 häufig geplant und gebaut. Die überwiegende Absicht, eine Betonfläche mit oft komplizierten und naturnahen Texturbildern auf technisch einfache und zuverlässige Art zu gestalten, konnte durch diese Schalungen erfüllt werden und ergab qualitativ hochwertige Flächen. Der sich dann ändernde architektonische Kontext erkannte die technische Perfektion jedoch nicht als Qualität, da die Ergebnisse als baustofffremd und künstlich und die Motive als unpassend empfunden wurden. Im nachfolgenden Gestaltungstrend des glatten Sichtbetons ging diese Gestaltungstechnik im nationalen Markt stark zurück.

In der aktuellen Alternativsuche zur Flächengestaltung bietet es sich an, auch diese Technik neu auf ihre Einzelfall- und Zukunftstauglichkeit zu prüfen – nicht als Replikat vergangener Trends, sondern unter den aktuellen Randbedingungen von Betontechnik und Gestaltungskultur.

Filtervliese

Filtervliese sind textile Drainagevliese mit einer stützenden Einlage. Sie sind etwa einen Millimeter dick und werden unmittelbar auf die Schalungshaut aufgezogen. Der Beton hat bei Einbau, Erstarren und Erhärten keinen direkten Kontakt zur Schalungshaut, sondern erhärtet unmittelbar am Vlies.

Die Motivation des Einsatzes eines Filtervlieses ist zunächst technischer Natur: durch die Filterwirkung können Überschusswasser und oberflächennahe Luftporen aus dem Beton auch zur Schalungsseite entweichen. Dies fördert die technische Qualität der Betonrandzone erheblich. Das dabei entstehende Flächenbild ist meist frei von sichtbaren Poren und zeigt ein sehr gleichmäßiges, wolken- und fleckenfreies Farbbild. Die feine Textur des Filtervlieses bleibt jedoch, zumindest aus der Nähe, dauerhaft erkennbar und lässt die Betonfläche dunkler erscheinen.

Werden Filtervliese aus gestalterischen Gründen verwendet, können die Kosten für das Schalungsmaterial durch das Vlies reduziert werden, da geringere Schalungshautqualitäten eingesetzt und auf einen Trennmitteleinsatz sowie auf langfristige Vorversuche zur Ergebnisoptimierung verzichtet werden kann.

Bild 1.16: Strukturmatrize – auf den Fertigungstisch aufgeklebt (Bild: Reckli GmbH)

Bild 1.17: Strukturmatrize – wie Bild 1.16, fertiges Bauteil (Bild: Reckli GmbH)

Preiswertes mit einmaligem Einsatz

Die wachsende Bereitschaft zum Experiment auf Seiten der Architekten erweitert die Erfahrungslage mit Schalhäuten aus Materialien, denen bisher keine generelle Eignung als Sichtbetonschalung zugeschrieben wurde. So wurden in den letzten Jahren mehrfach Sichtbetongestaltungen mit sogenannten OSB-Platten als Schalungshaut realisiert.

Die Platten werden aus Abfallholz-Spänen und Leim gepresst. Beim Herstellverfahren richten sich die sehr groben und länglichen

Späne in Plattenlängsrichtung aus. Die Platte bekommt ein besseres Biegevermögen als mit den üblichen Feinspanplatten erreichbar ist. Zwar wird vom Vertrieb der Plattenhersteller auch ein möglicher Einsatz als Betonschalung angegeben, jedoch ist diese Verwendung außerordentlich selten. Der überwiegende Einsatz von OSB-Platten ist die Herstellung stabiler Großverpackungen und temporärer oder kaschierter Holzkonstruktionen.

Die Verwendung von OSB-Platten als Schalungshaut erfolgt üblicherweise durch Aufdoppelung einer Großflächen- oder Rahmenschalung. Die Elementfugen sind, ebenso wie an Wandbauteilen die Ankerlöcher, gestalterisch zu integrieren bzw. zu tolerieren. OSB-Platten ergeben eine stark saugende und quellende Schalungshaut. Dies hat deutliche und sichtbare Effekte auf die entstehenden Betonflächen:

- Die Spanstruktur der OSB-Platten überträgt sich auf die Betonoberfläche als intensive, dominierende Zeichnung, die fast alle anderen sichtbaren Flächeneffekte (Schüttlagen, wolkige Farbabweichungen etc.) in den Hintergrund drängt.
- Das starke Saugverhalten der Platten lässt sehr porenarme Flächen entstehen.
- Der leicht erhärtungsstörende Effekt des frischen Naturholzes auf den Beton an der Oberfläche wirkt durch den Leimanteil und die Spanverteilung nur verringert und egalisiert. Dies ergibt eine leichte Rauheit und eine dunklere Farbtönung der Oberfläche.
- Durch das starke Wassersaugen des rohen, herstellungstrockenen Holzes verformen sich die einzelnen Späne, das Schalelement quillt dadurch insgesamt leicht auf. Durch diesen Effekt schließen sich kleinere Spalte an ungenau gearbeiteten Schalelementfugen, auch in den Kanten. Dies verhindert weitestgehend das Auslaufen von Zementleim und die entsprechenden farblichen Abweichungen und ergibt eine leichte Texturierung der Betonoberfläche, die vor allen an scharfen, ungebrochenen Kanten deutlich zu erkennen ist.

Bei Erprobungen sollte auch ein trennmittelfreier Einsatz mit kontrolliertem Vornässen der OSB-Schalungshaut unmittelbar vor dem Betonieren geprüft werden. Das Vornässen unterstützt den Quelleffekt und die Dichtigkeit der Schalung.

Aussehen und Qualität von mit OSB-Schalungshaut hergestellten Betonflächen sind gut steuerbar und weit zielsicherer herstellbar als etwa Sichtbetonflächen mit glatten Schalungen. Die dominierende Flächenmusterung erlaubt jedoch kaum baubetriebliche Einflussnahme auf das Aussehen der Fläche und auch im Ursprung helle Betone ergeben meist relativ dunkle Flächen.

Analog zum Einsatz von OSB-Platten wurde mehrfach auch der Einsatz preiswerter Sperrholzplatten geprüft – mit sehr unter-

Bild 1.18: OSB-Platte

schiedlichen Ergebnissen. Oft ergaben die einzelnen Schalungshautelemente in Farbtönung und Textur sehr unterschiedliche Oberflächen, der verzögernde Einfluss des rohen Holzes trat unegalisiert und von Element zu Element stark schwankend auf und eine spannungsfreie Gesamtverformung der einzelnen Schalungshautelemente durch Quellen und die damit verbundene Abdichtung der Schalungshautfugen konnte nicht beobachtet werden.

1.3.2 Oberflächenbearbeitungen Waschbetonflächen

Als Waschbeton werden Sichtbetonflächen bezeichnet, an denen das Erstarren des Zementmörtels an der Oberfläche stark verzögert, und dieser Zementmörtel nach dem Erhärten des Kernbetons durch Abwaschen entfernt wird. Auf diese Weise wird die Kornstruktur sichtbar.

Das Bauen und Gestalten mit Waschbetonoberflächen war vor allem zwischen 1965 und 1980 häufig und verschwand nachfolgend fast völlig vom Markt. Lediglich im Segment des Betonwerksteins (Podeste, Treppenstufen u. Ä., haben sich Anwendungen erhalten. Das gestalterische Potenzial des Waschbetons geht jedoch deutlich über die traditionellen Anwendungen hinaus, was eine Neubetrachtung dieser Bauweise nahe legt. Aktuell werden Waschbetonoberflächen wieder verstärkt gestalterisch wahrgenommen und realisiert. Gegenüber den grobkörnigen, strukturdominierten Texturen der früheren Waschbetongestaltung werden aktuell Flächenbilder mit geringen Auswaschtiefen bevorzugt, die nicht die Darstellung der groben Gesteinskörnung verfolgen, sondern einen natursteinartigen Farb- und Texturausdruck zum Ziel haben.

Technisch ist die Herstellung qualitativ hochwertiger Waschbetone nur werksmäßig, also an Betonfertigteilen, sinnvoll, da sich nur bei dieser Herstellart ein flächenhomogenes Aussehen ergibt. Die Herstellung von Waschbetonoberflächen an Ortbetonteilen wurde wiederholt praktiziert und hat einige interessante Effekte gezeigt, denen überwiegend jedoch andere Gestaltungsideen zugrunde lagen, als dem traditionellen Waschbeton. Im Ortbetonbau sind vor allem der Umgang und die Entsorgung des Waschwassers vor Ort zu lösen und zu planen.

Der Oberflächenverzögerer wird meist als Paste aufgetragen, die zu einem weißen Belag abtrocknet. Der Einsatz eines Trennmittels entfällt. In horizontale Schalungen kann auch eine mit Erstarrungsverzöge-

Bild 1.19: Sichtbetonfläche – hergestellt mit OSB-Platte als Schalungshaut

Bild 1.20: Sichtbetonflächen mit ungebrochener Kante – hergestellt mit OSB-Platte als Schalungshaut

rer getränkte Folie in die Schalung eingelegt werden. Anschließend wird der frische Waschbeton eingebracht. Die Auswaschtiefen können sehr genau variiert werden und bewegen sich üblicherweise zwischen etwa einem und sechs Millimetern. Leitendes Kriterium für die Festlegung der Auswaschtiefe ist die maximale Korngröße, da im Flächenbild das Grobkorn dominiert. Der Beton an der Oberfläche eines Waschbetonbauteils wird meist bewusst auf das Aussehen der fertigen Fläche hin und mit ausgewählten Gesteinskörnungen entworfen. Da diese Betone aufgrund der gestalterischen Anforderungen meist mit teureren Materialien und technisch ungünstigeren Eigenschaften hergestellt werden müssen, wird im Fertigteilbau zweilagig gearbeitet, mit einem sogenannten Waschbetonvorsatz und einer Kernlage aus konstruktiv bemessenem Normalbeton.

Gesäuerte Betonflächen

Ein ähnlicher Oberflächeneffekt wie beim Waschbeton kann durch die nachträgliche Bearbeitung einer Betonfläche mit einer lösenden Säure erzielt werden. Bei einer Säureanwendung wird die Abtragtiefe nicht durch die Wirkgrenze eines Verzögerers, sondern durch die Intensität, Häufigkeit und Dauer der Säureanwendung gesteuert. Die Säure löst die Calziumverbindungen im Zementstein. Der aufgelöste Zementmörtel kann mit mechanischer Unterstützung, (Bürste, scharfer Wasserstrahl) abgewaschen werden.

Säureanwendungen sind zur Erzielung verhältnismäßig geringer Texturtiefen günstig, Grad und Tiefe der Textur sind gut steuerbar. Die farbliche Ausprägung einer gesäuerten Fläche wird, wie beim Waschbeton, vor allem durch die im Flächenbild jeweils gröbsten sichtbaren Gesteinskörner bestimmt. Gegenüber Waschbetonflächen zeigen gesäuerte Flächen meist eine etwas bessere Farbbrillanz und erscheinen „kristalliner", weshalb das Säuern vor allem bei helleren Flächen das Mittel der Wahl ist.

Da die meisten anorganischen Säuren aufgrund ihrer starken Wirkung, ihrer teilweisen Neigung zu Folgekorrosionen und des aus Arbeitsschutz- und Umweltschutzgründen schwierigen Handlings zur Bearbeitung von Betonoberflächen ausscheiden, werden meist organische Säuren (Zitronensäure) eingesetzt. Dennoch bleibt die Säurebearbeitung der werksmäßigen Herstel-

Bild 1.21: Klassische Waschbetonfläche

Bild 1.22: Waschbeton, farblich komponiert (Bild: Schemm)

lung und Bearbeitung von Betonbauteilen und -oberflächen vorbehalten.

Strahlen mit festen Strahlmitteln
Die Bearbeitung von fertigen, meist im Ursprung glatten Betonoberflächen durch Strahlen mit festen Strahlmitteln ist ein verhältnismäßig preisgünstiges Verfahren zur Oberflächengestaltung. Als Strahlmittel werden überwiegend übliche Strahlsande eingesetzt. Da die Beherrschung und Entsorgung des beim Feuchtstrahlen anfallenden Abwassers in üblichen Hochbauprojekten schwierig und aufwendig ist, werden Ortbetonbauteile meist trocken gestrahlt.

Die durch Sandstrahlen erzielbaren Flächenergebnisse sind je nach Voraussetzung nur eingeschränkt prognostizierbar und bergen Herstellungs- und Erwartungsrisiken. Grundsätzlich ist zu unterscheiden, ob die bearbeitete Betonfläche eine bei der Herstellung unten liegende Bauteilfläche ist, wie etwa bei einem Betonfertigteil, oder ob es sich um die seitlichen Flächen eines Ortbetonbauteils handelt.

Flächen, die bei der Herstellung horizontale, untere Bauteilflächen waren (Fertigteile) zeigen über die Fläche sehr gleichmäßige physikalische Eigenschaften und ergeben nach dem Strahlen im Allgemeinen auch ein sehr gleichmäßiges Strahlbild. Sie zeigen kaum eine Vermehrung der sichtbaren Poren. Die Gefügefestigkeit, und damit die Strahltiefe, sowie die Verteilung der sichtbaren Gesteinskörnung sind über die Fläche relativ gleichmäßig.

Vertikale Ortbetonflächen (Stützen und Wände) ergeben nahezu nie ein flächenweit gleichmäßiges Strahlbild, da die Gefügefestigkeit und die Kornverteilung in der Betonrandzone aufgrund herstellungstechnischer Einflüsse über die gesamte Fläche graduell oder mit scharfen Zustandsgren-

Bild 1.23: Oberflächenbearbeitung mit und ohne Einfärbung, a: gesäuert, b: gestrahlt, c: geschliffen, d: gebürstet, e: gewaschen, f: Matritzenabbild (Bild: Dreßler-Bau)

zen variieren. Gleichzeitig vervielfachen sich in der gestrahlten Fläche meist die Zahl und die Größe der sichtbaren Poren. Sinngemäß und mit Einschränkung gilt dies auch für Flächen an Fertigteilen, die bei der Herstellung vertikale Bauteilflächen waren.

Durch Sandstrahlen entstehen Flächen mit einer starken stofflichen Ausstrahlung und einem einzigartigem Flächenbild. Die Erwartung textureller Gleichmäßigkeit kann diese Art der Bearbeitung am Ortbeton jedoch nicht erfüllen.

Bei der Planung von Ortbetonbauteilen mit sandgestrahlten Oberflächen ist der baube-

Bild 1.24: Gefärbte und bearbeitete Fertigteilfläche, Mehrzweckhalle Brechen (Bild: Dreßler-Bau)

triebliche Umgang mit Bauteilkanten aller Art durch Versuche abzusichern, da Kantenbereiche bei unsachgemäßem Strahlen geschädigt oder zerstört werden können. Das gilt auch für Kanten um Lampenaussparungen und ähnlichen Situationen.

Da das Strahlergebnis vor allem von der handwerklichen Fertigkeit des ausführenden Personals und von der Betonfestigkeit abhängig ist, sollten Personalwechsel ausgeschlossen werden und die Betonflächen sollten stets im etwa gleichen Betonalter (Reife) gestrahlt werden. Bei Ortbetonbauteilen empfiehlt sich ein möglichst spätes bearbeiten, etwa nach zehn bis zwanzig Tagen. Flächen an Betonfertigteilen können bereits nach zwei bis drei Tagen gestrahlt werden. Risse im Beton werden durch Sandstrahlen an der Oberfläche vertieft und vergrößert und ihre optische Präsenz im Flächenbild nimmt damit erheblich zu.

Steinmetzmäßige Bearbeitungen

Die steinmetzmäßige Bearbeitung von Betonflächen, wie Stocken, Scharrieren, Schleifen und Polieren, hat eine lange Tradition. Grundsätzlich sind an Betonflächen die gleichen steinmetzmäßigen Bearbeitungen möglich, wie an Natursteinflächen. Angeboten werden solche Leistungen von

Bild 1.25: Fertigteilflächen – gefärbt und gestrahlt (Bild: Fischer Architekten GmbH)

Bild 1.26: Fertigteilflächen – gefärbt und gestrahlt (Bild: Fischer Architekten GmbH)

Bild 1.27: Sandgestrahlte Ortbetonfläche, Museum Manching, Florian Fischer

originären Steinmetzbetrieben, die sich auf die Bearbeitung von Betonflächen spezialisiert haben. Alle genannten Bearbeitungsmethoden arbeiten mit handgeführten Geräten in unterschiedlichen Verfahren und entfernen einen Teil der Betonrandzone. Lediglich bei der Herstellung von Fertigteilen können, ähnlich wie bei der Bearbeitung von Betonwerksteinprodukten, auch vollautomatisierte Bearbeitungsverfahren eingesetzt werden. Bei der Planung ist ggf. auf die Sicherstellung der Betondeckung zum Korrosionsschutz der Bewehrung zu achten.

Die Bearbeitung einer im Ursprung meist glatt hergestellten Betonfläche ergibt im Allgemein gut prognostizierbare Ergebnisse großer Gleichmäßigkeit. Die hohe Qualifikation der Betriebe und des Personals bietet dem Planer viel Gelegenheit für Beratung, Erprobung und Variation und bringt das

Bild 1.28: Sandgestrahlte Ortbetonfläche, Museum Manching, Florian Fischer

Ergebnis meist in eine gute Übereinstimmung mit der planerischen Erwartung.

Stocken meint die Bearbeitung der Betonoberfläche mit einem Elektro- oder Drucklufthammer mit meist quadratischen Gruppenmeißeln. Der Meißel mündet in eine bis zu etwa 5 cm x 5 cm große, quadratische Arbeitsfläche, auf der geometrisch gleichmäßig pyramidenförmige Meißelspitzen angeordnet sind. Je nach Anzahl der Meißelspitzen entsteht eine grobere oder feinere Bruchtextur (feines/ grobes Stocken). Ausgangslage zum Stocken ist eine möglichst ebene Betonfläche ohne größere Fehlstellen. Risse im Beton bleiben meist auch nach der Bearbeitung sichtbar.

Architektonisch interessant sind feingestockte Flächen, die auch für die Flächengestaltung in Innenräumen von Hochbauten geeignet sind. Auch beim Feinstocken wird das oberflächennahe Gesteinskorn gebrochen und das Betongefüge als Bruchfläche sichtbar gemacht. Die entstehende, melierte Flächenfärbung kann durch eine abgestimmte Farbtönung des Zementmörtels und der dominierenden Gesteinskörnung gesteuert werden. Vor allem Kombinationen von eingefärbtem Ortbeton mit nachträglich gestockten Außen- und Innenflächen sind bereits mehrfach erfolgreich hergestellt worden.

Durch Spitzen mit ein- oder zweispitzigen Einzelmeißeln werden sehr grobe, tiefe Texturen erzielt. Traditionell werden so vor allem Außenbauteile bearbeitet, die starken Witterungseinflüssen ausgesetzt sind. Die Oberflächenbearbeitung egalisiert das Aussehen, nimmt witterungsbedingte Materialabträge (Frost, Niederschläge) vorweg und macht sie unerkennbar. In manchen Fällen soll auch eine Renaturierung der Bauteiloberfläche durch biologische Besiedlung unterstützt werden (Stützmauern o. Ä.).

Beim Scharrieren wird anstatt eines spitzen ein breiter, flacher Meißel eingesetzt. Die einzelnen Meißelansätze bleiben im Flächenbild sichtbar und können in der Fläche gerichtet, oder zufällig verteilt angeordnet werden. Scharrieren eignet sich für mittlere bis geringe Abtragtiefen und wird oft in Kombination mit Stocken eingesetzt, etwa zur Herstellung von Randleisten und anderen Flächenakzenten.

Beim Schleifen wird der Zementmörtel der Betonoberfläche schleifend abgetragen. Als Werkzeuge werden z. B. handgeführte Diamantschleifplatten an Winkelschleifern eingesetzt. Das Gesteinskorn und die Betonmatrix werden angeschnitten, aber nicht gebrochen. Die Oberfläche ist nach dem Schleifen meist glatter als die Ausgangsfläche und das Betongefüge ist im Anschnitt sichtbar. Die Abtragtiefe richtet sich nach dem gewünschten Flächenbild und wird meist im Versuch ermittelt. Fertigteile können mit entsprechenden Maschinen sehr eben und exakt geschliffen oder poliert werden.

Zum Polieren wird meist von einer geschliffenen Betonfläche ausgegangen, die mit sehr feiner Schleifkörnung weiterbearbeitet wird. Die Betonflächen werden sprichwörtlich „spiegelglatt“. Es entstehen stark glänzende Flächen, in denen Licht reflektiert wird und sich die Umgebung spiegelt. Allerdings ist dieser Hochglanzeffekt nicht dauerhaft und wird durch Witterungs- und

Bild 1.29: Stockmeißel von fein (links) nach grob (rechts)

Umgebungseinflüsse nach und nach abgebaut.

Sondergestaltung Fotobeton / Foto-Gravur-Beton

Eine alleinstehende Form des Waschbetons ist der sogenannte Fotobeton. Bei dieser Technik wird ein Foto digital erfasst und in Grautöne umgesetzt. Diese Grautöne werden nach Erfahrungswerten in Rauigkeiten (Auswaschtiefen) umgesetzt, die an einer im Ursprung glatten Betonfläche den entsprechenden Grauton ergeben. Durch die EDV-gesteuerte, sehr genaue Dosierung eines Oberflächenverzögerers auf eine Trägerfolie wird ein Verzögererprofil „aufgepixelt", das aufgrund der unterschiedlichen Auftragsdicken und den daraus resultierenden Auswaschtiefen an der Betonoberfläche das ursprüngliche Bild ergibt. Die so präparierte Trägerfolie wird dann in die Schalung eingelegt und überbetoniert. Die verzögerte Fläche nach dem Erhärten des Bauteils gewaschen.

Im Gegensatz zur üblichen Waschbetontechnik geht es beim Fotobeton nicht um die gestalterische Exposition der Gesteinskörnung in der Betonstruktur, sondern um die gezielte Herstellung bestimmter Rauigkeiten im Oberflächenmörtel, deren graduelle Veränderung und Variation ein fotogleiches Bild ergibt. Die Auswaschtiefen sind ausgesprochen gering und variieren zwischen den unterschiedlichen Bildbereichen nur geringfügig. Die Freilegung größerer Gesteinskörner kommt in Fotobetonflächen deshalb nicht vor. Fotobetonanwendungen sind aufgrund der aufwendigen und empfindlichen Herstellungstechnik weitgehend auf die Werksfertigung, also auf Betonfertigteile beschränkt.

Ein weiteres System zur Darstellung von Fotos oder Abbildungen auf Betonoberflächen ist der sogenannte Foto-Gravur-Beton. Bei diesem System wird das Bild durch Verschattungen auf der Fläche sichtbar. Das Ausgangsbild wird auf eine Strukturmatrize übertragen. Die Matrize hat eine Struktur kurzer Wellen. Die Tiefe der Wellenstruktur wird partiell variiert, sodass auf der späteren Betonfläche bei seitlich einfallendem Licht dunklere und hellere Bereiche entstehen, die das Bild in der Fläche darstellen.

1.3.3 Farbliche Gestaltung

Die Möglichkeiten der farblichen Gestaltung von Sichtbetonflächen teilen sich prinzipiell auf in die Durchfärbung des Betons durch Einmischen von Pigmenten oder in die farbliche Bearbeitung fertiger Sichtbetonoberflächen.

Bild 1.30: Spitzmeißel

Bild 1.31: Außenfassade – gestockt, eingefärbter Ortbeton

Bild 1.32: Fotobeton – Bibliothek der FH Eberswalde (Bild: Verlag Bau+Technik)

Die Durchfärbung des Betons betrifft entweder den Baustoff des gesamten Bauteils, oder eine dünne Schicht eines Vorsatzbetons an der Bauteiloberfläche (z. B. bei Fertigteilen). Die Durchfärbung eines Betons mit Farbpigmenten eignet sich selbstverständlich auch zur Kombination mit den bereits besprochenen Formen der Flächengestaltung.

Bei der nachträglichen farblichen Behandlung fertiger Flächen wird von normalen grauen oder leicht getönten Betonoberflächen ausgegangen. Der Farbauftrag erhält oder unterstützt den betonartigen Flächenausdruck und ist auch innerhalb einer Bauteiloberfläche absetzbar oder variierbar.

Durchfärben mit Pigmenten

Die Eigenfarbe eines Betons folgt im Wesentlichen der Farbe des Zements. Wenn die örtlich verfügbaren Zemente durchweg zu dunkle Betonflächen ergeben, kann der Beton durch die Zugabe von 0,5 M.-% bis etwa 3 M.-% weißen Farbpigmentes (Titandioxid, TiO_2) wirksam aufgehellt werden. Bis zu einer Dosierung von etwa 1,5 M.-% Titandioxid ist dieses Verfahren unkompliziert, da bei der Betonherstellung und -verarbeitung auch ohne aufwendige Maßnahmen (Vorreinigung von Mischfahrzeugen und -geräten, Mischzeitverlängerung) vorgegangen werden kann.

Zur Herstellung sehr heller oder weißer Betonflächen reicht die Zugabe von hellen Farbpigmenten meist nicht aus und es muss ein sehr heller Zement, ggf. ein Weißzement verwendet werden. Allerdings ist der alleinige Einsatz eines weißen Zementes zur Herstellung eines weißen Betons mit ortsüblichen Gesteinskörnungen im Allgemeinen nicht ausreichend und erfordert neben dem Einsatz möglichst heller und farbneutraler Gesteinskörnungen zusätzlich den Einsatz eines weißen Pigmentes (Titandioxid TiO_2).

Wenn die Betonflächen eine andere Farbe als die baustoffidentischen Graustufen erhalten sollen, können dem Beton entsprechende Farbpigmente zugemischt werden. Hierzu gibt es am Markt einige Anbieter, die z. T. eine sehr gute technische Beratung zur Durchfärbung von Betonen anbieten. Sollen möglichst helle Bunttöne (Gelb, Rot, Grün, Blau etc.) erreicht werden, wird üblicherweise ebenfalls von einem weißen Beton mit Weißzement ausgegangen, der dann durch Zugabe von Pigmenten in das gewünschte Farbergebnis gesteuert wird. Dunkle Farbtönungen (Ocker, Braun, Schwarz etc.) können auch durch die Verwendung möglichst heller Grauzemente in Kombination mit entsprechenden Farbpigmenten erreicht werden.

Zur Färbung eines Betons werden bei der Betonherstellung je nach gewünschtem Farbergebnis zwischen 3 und 6 % vom Zementgewicht an Farbpigmenten zugegeben, ggf. auch als Komposition aus mehreren Einzelfarbtönen. Pigmente werden stets als Gewichtsteile zugewogen und mechanisch oder manuell in den Betonmischer dosiert. Nahezu alle bunten Farbtöne erfordern eine erhöhte Sorgfalt beim Verwiegen der Betonausgangsstoffe, eine verlängerte Mischdauer und eine intensive Vorreinigung der Mischanlage und der Transportfahrzeuge. Durch diese Mehraufwände müssen für den Beton deutlich höhere Material- und Herstellkosten angenommen werden als für übliche Normalbetone.

Nachträgliche farbliche Gestaltung von Betonflächen

Zur nachträglichen farblichen Bearbeitung einer meist glatten Ansichtsfläche aus Beton unter Erhalt eines bauartidentischen Aussehens gibt es geeignete Farblasuren. Auch hierzu eignen sich je nach gewünschter Farbtönung möglichst helle oder weiße Betonflächen im Allgemeinen besser als dunklere Ausgangsflächen. In Einzelfällen wurden auch durch Stocken, Sandstrahlen oder Säuern und Waschen texturierte Betonflächen durch Lasuren farblich verändert. Lasuren werden durch Fachbetriebe ausgeführt und sind unbedingt vor der Farbentscheidung in ihrer Wirkung an Erprobungsflächen zu prüfen. Lasuren eignen sich im Einzelfall auch zur Nachbesserung von Abweichungen an glatten Sichtbetonflächen. Sie können nicht nur im Zuge des Neubaus, sondern auch zur Umgestaltung älterer Betonflächen eingesetzt werden.

1.4 Planungshilfen

1.4 Planungshilfen

Das DBV/VDZ-Merkblatt Sichtbeton [1.14] und die Merkblätter der Fachvereinigung Deutscher Betonfertigteilbau e.V. (FDB) zu Sicht- und Architekturbeton [1.15, 1.16] sind die wichtigsten, da im Grunde einzigen national verfügbaren Bauregeln zur Planung und Ausführung von Sichtbeton.

Das DBV/VDZ-Merkblatt Sichtbeton wurde im Ursprung für die Ortbetontechnik entwickelt. Es ist, bei fachlich richtiger Auswahl der Regelungskriterien auch zur Planung von Sichtbetonflächen an Fertigteilen her-

Bild 1.33: Beton, rot durchgefärbt, FH Frankfurt (Bild: Riedel Bau Schweinfurt/Peter Leutsch Schwebheim)

Bild 1.34: Fassadenfläche, Betonfertigteile, dunkel eingefärbt und gesäuert (Bild: Schemm)

anziehbar. Für das Bauen mit Fertigteilen existieren jedoch entsprechende Merkblätter der Fachvereinigung Deutscher Betonfertigteilbau e.V. (FDB) (Download unter www.fdb-fertigteilbau.de/):

- Merkblatt Nr. 1 *Sichtbetonflächen von Fertigteilen aus Beton und Stahlbeton* [1.15] und
- Merkblatt Nr. 8 über *Betonfertigteile aus Architekturbeton* [1.16]

Nachstehend sollen die Inhalte und die zugrundeliegenden Motivationen des DBV/VDZ-Merkblatts Sichtbeton erläutert werden.

Die im Weiteren erläuterte Klassifizierung des Sichtbetons in die Sichtbetonklassen SB1 bis SB4 stellen eine Qualitätshierarchie dar, die sich im Allgemeinen auch in guter Analogie zu den anzunehmenden Herstellungskosten bewegt. Die Sichtbetonklassen und die unterlegten Einzelkriterien sind aber keine Umsetzung einer gestalterischen Vorstellung, sondern lediglich technische „Makellosigkeitsstufen". Der Planer hat also anhand der Einzelkriterien einer Sichtbetonklasse zu prüfen, ob seine gestalterische Vorstellung allein mit der vertraglichen Festlegung einer Sichtbetonklasse hinreichend beschrieben ist, oder ob in der Ausschreibung und im Bauvertrag weitere Beschreibungsmerkmale aufzuführen sind.

Die aktuelle Architektur plant aber neben den klassischen „glatt-grau-makellos-Flächen" zunehmend mit anderen, neuen oder wiederentdeckten Flächenausprägungen, deren Planung, Herstellungstechnik und abschließende vertragliche Beurteilung sehr verschieden sein können von der Gestaltung mit einer glatten Schalungshaut. So wird bei der Planung einer Wasch-

Bild 1.35: Frankfurt UAS, blaue Lasur

Bild 1.36: Fassadenfläche, Betonfertigteile, eingefärbt und sehr fein gewaschen (Bild: Schemm)

betonfläche, eines farbig lasierten Bauteils oder gar einer Stampfbetonfläche rasch deutlich, dass die Planungs- und Ausführungsvorgaben des Merkblatts Sichtbeton für derartige Gestaltungen nicht optimal zutreffend sind. Je weiter sich ein Flächenbild von der glatten grauen, möglichst makellosen Ortbetontechnik entfernt, desto weniger ist das Merkblatt uneingeschränkt als Planungshilfe anwendbar. Dies betrifft insbesondere die in den Sichtbetonklassen hinterlegten Einzelkriterien. So sind die Forderung einer hohen Farbtongleichmäßigkeit und einer geringen Porigkeit bei einer Fläche, die später steinmetzmäßig bearbeitet oder sandgestrahlt werden soll, möglicherweise nicht sinnvoll, die Forderung einer erhöhten Ebenheit und dichter Schalungshautfugen aber durchaus. Die Anwendung des Merkblatts Sichtbeton ist also auch bei sehr individuellen und besonderen Oberflächengestaltungen im Allgemeinen möglich und hilfreich, erfordert jedoch mit Blick auf die Planungsvorgaben Auswahl und weitergehende Beschreibungen .

Die wichtigsten planungsrelevanten Inhalte des Merkblatts Sichtbeton sollen nachfolgend skizziert und diskutiert werden.

1.4.1 Begriffe

Das Merkblatt Sichtbeton erweitert und präzisiert den Begriff Sichtbeton durch die Definition zweier Grundkategorien:

- *Sichtbeton mit geringen Anforderungen* definiert Ansichtsflächen, die den Beurteilungskriterien der Sichtbetonklasse SB1 entsprechen

- *Sichtbeton mit normalen Anforderungen* definiert Ansichtsflächen, die den Beurteilungskriterien der Sichtbetonklasse SB2 entsprechen.

- *Sichtbeton mit besonderen Anforderungen* definiert Ansichtsflächen, die den Beurteilungskriterien der Sichtbetonklasse SB3 und SB4 entsprechen.

Auch der missverständliche Begriff der sogenannten Musterfläche wurde eindeutiger geregelt, da die vertragliche Motivation einer „Musterfläche" aus dieser Bezeichnung nicht erkennbar ist. Meist werden alle Versuchsflächen ungeachtet ihrer vertraglichen Bedeutung als Musterflächen bezeichnet. Aus diesem Grunde wird im Merkblatt zwischen Erprobungsflächen und Referenzflächen unterschieden.

- *Erprobungsflächen* sind Flächen, an denen Versuche vorgenommen werden:
  1. Der Ausführende kann diese Versuche betreiben, um sein technisches Vorgehen zu optimieren. Diese Versuche können mit Zustimmung des Bauherrn auch an untergeordneten Bauteilen ohne Sichtbetonanforderungen durchführt werden (Kellerwände, Technikgeschosse etc.).
  2. Die Herstellung von Erprobungsflächen kann vertraglich gefordert werden, um das Aussehen der Flächen zwischen den Beteiligten abzustimmen oder festzulegen.

  In diesem Fall sind Erprobungsflächen üblicherweise gesondert auf der Baustelle hergestellte Bauteile, die nach Abschluss der Sichtbetonarbeiten rückgebaut werden.

- *Referenzflächen* sind Ansichtsflächen, die das geforderte Aussehen als verbindliche vertragliche Referenz definieren. Sie werden aus geeigneten Erprobungsflächen ausgewählt. Es können eine oder mehrere Flächen zur vertraglichen Referenz erhoben werden. Referenzflächen bezeichnen das geschuldete Bausoll auf praktische Weise. Sie erlangen den Status einer vertraglich bindenden Leistungsbeschreibung, wenn die Vertragspartner die Oberflächenmerkmale einvernehmlich vereinbaren, und dienen zur vergleichenden Beurteilung bei der Abnahme der vertraglichen Sichtbetonflächen.

Zur Auswahl von Referenzflächen formuliert das Merkblatt Sichtbeton einige Bedingungen:

- Die Anforderungen des Bauvertrags an das Aussehen der Ansichtsflächen müssen an den ausgewählten Referenzflächen vorhanden sein. Durch besonders günstige Einflüsse können Erprobungsflächen entstehen, deren Qualität weit über die vertraglich geforderte Beschaffenheit hinausgeht und nur mit nicht kalkuliertem Aufwand oder gar nicht sicher reproduzierbar ist. Derartige Flächen dürfen nur mit Zustimmung des Auftragnehmers zur Referenzfläche erhoben werden.

- Erprobungsflächen im Bauwerk, deren Betrachtungsabstände und Lichtverhältnisse über den Beurteilungszeitraum nicht konstant sind (Innenwände in engen oder fensterlosen Räumen, Kellerwände) sind als vertragliche Referenzflächen ungeeignet.

- Flächen an bestehenden Bauwerken dürfen nicht als vertragliche Referenzflächen vereinbart werden, da:

- aufgrund der räumlichen Entfernung ein unmittelbarer Vergleich mit den Bauwerksflächen nicht möglich ist,
- hierbei meist eine unzulässige Auswahl aus der Gesamtqualität des bestehenden Bauwerks vorgenommen wird,
- Baustoffe und Verfahren der Herstellung im Allgemeinen nicht bekannt sind und der Ausführende sie nicht nachvollziehen kann,
- die Einflüsse der eingetretenen Alterung der Flächen sich in unbekannter Weise auf deren Aussehen auswirken und bei der Neuerstellung von Betonbauteilen nicht wirksam sind.

Ab der Herstellung von Ansichtsflächen der Sichtbetonklassen SB2 empfiehlt das Merkblatt in Tabelle 1 die vertragliche Berücksichtigung von Erprobungsflächen. Bei Forderung der Sichtbetonklasse SB3 werden Erprobungsflächen dringend empfohlen, bei der Sichtbetonklasse SB4 sind sie obligatorisch.

1.4.2 Sichtbetonklassen und Bauteilbeispiele

(Siehe Tabelle 1.01 „Sichtbetonklassen und Einzelkriterien")

Durch die Wahl und die Vorgabe einer Sichtbetonklasse werden Ausführungsbedingungen und sogenannte Einzelkriterien zur Ergebnisbeurteilung formuliert. Die tatsächlich entstehende Fläche aber lebt vor allem vom Gesamteindruck, der sich durch die örtlichen Material- und Ausführungseinflüsse ergibt und mit den vertraglichen Vorgaben zu vergleichen ist. Es gilt also der Gesamteindruck immer vor den Einzelkriterien, da der Architekt seine Vorstellung und Erwartung nur mit dem Gesamteindruck einer Sichtbetonfläche vergleichen kann. Erscheint eine Ansichtsfläche hinsichtlich ihres Gesamteindrucks abnahmefähig, erfolgt keine Betrachtung der Einzelkriterien.

Das Merkblatt Sichtbeton formuliert vier Sichtbetonklassen SB1 bis SB4. In der Tabelle sind jeder Sichtbetonklasse Bauteilbeispiele, Beurteilungskriterien (Einzelkriterien) und Ausführungshinweise zugeordnet. Die Einzelkriterien sind über Abkürzungen klassifiziert, die in den Tabellen 2 und A.4. des Merkblatts näher erläutert werden. Weitere Regelungen zur Planung, Ausführung und Beurteilung von Ansichtsflächen sind

Bild 1.37: Sichtbeton an Ingenieurbauten, Schiffshebewerk Niederfinow

Tabelle 1.01: Sichtbetonklassen und Einzelkriterien

Sichtbetonklassen	Einzelkriterien – Anforderungen nach Klassen bezüglich			
	Textur		Porigkeit Poren mit Durchmesser d mit 2 mm < d < 15 mm Prüffläche 500 mm x 500 mm	
Definitionen und Bauteilbeispiele		Beschreibung		Beschreibung
SB1 – geringe Anforderungen Betonflächen mit geringen gestalterischen Anforderungen, z. B. Kellerwände oder Bereiche mit vorwiegend gewerblicher Nutzung	T1	weitgehend geschlossene Zementleim- bzw. Mörteloberfläche ausgetretener Feinmörtel in Schalungsstößen bis ca. 20 mm Breite und 10 mm Tiefe zulässig Rahmenabdrücke zugelassen	P1	≤ 3 000 mm² Porenfläche (ca. 1,2 %)
SB2 – normale Anforderungen Betonflächen mit normalen gestalterischen Anforderungen, z. B. Treppenhausräume, Stützwände u. Ä.	T2	weitgehend einheitliche Betonfläche ausgetretener Feinmörtel in Schalungsstößen bis ca. 10 mm Breite und 5 mm Tiefe zulässig Grate bis 5 mm zulässig Rahmenabdrücke zugelassen	P1 nicht saugend P2 saugend	≤ 3 000 mm² Porenfläche (ca. 1,2 %) ≤ 2 250 mm² Porenfläche (ca. 0,9 %)
SB3 – besondere Anforderungen Betonflächen mit hohen gestalterischen Anforderungen, z. B. Fassaden	T2	weitgehend einheitliche Betonfläche ausgetretener Feinmörtel in Schalungsstößen bis ca. 10 mm Breite und 5 mm Tiefe zulässig Grate bis 5 mm zulässig Rahmenabdrücke zugelassen	P3 saugend P2 nicht saugend	≤ 1 500 mm² Porenfläche (ca. 0,6 %) ≤ 2 250 mm² Porenfläche (ca. 0,9 %)
SB4 – besondere Anforderungen Betonflächen mit besonders hohen gestalterischen Anforderungen, repräsentative Bauteile im Hochbau	T3	glatte, geschlossenen, weitgehend einheitliche Betonfläche ausgetretener Feinmörtel in Schalungsstößen bis ca. 3 mm Breite zulässig feine, unvermeidbare Grate bis ca 3 mm zulässig weitere Anforderungen (z. B. Ankerausbildungen, Schalungsstöße, Konenverschlüsse) sind detailliert festzulegen	P4 saugend P3 nicht saugend	≤ 750 mm² Porenfläche (ca. 0,3 %) ≤ 1 500 mm² Porenfläche (ca. 0,6 %)

Einzelkriterien – Anforderungen nach Klassen bezüglich						Schalungshautklasse	Erprobungen
arbtongleichmäßigkeit		Ebenheit nicht bei bearbeiteten oder strukturierten Flächen		Arbeitsfugen und Schalungsstöße			
	Beschreibung		Beschreibung		Beschreibung		
T1	Hell-/Dunkelverfärbungen zulässig, Schmutzflecken unzulässig	E1	gemäß DIN 18202, Tab. 3, Zeile 5	AF1	Versatz der Flächen im Fugen- und Stoßbereich bis ca. 10 mm zulässig.	SHK1	freigestellt
T2	gleichmäßige, großflächige Hell-/Dunkelverfärbungen zulässig. Schmutzflecken unzulässig. Unterschiedliche Arten und Vorbehandlungen der Schalungshaut sowie Betonausgangsstoffe verschiedener Art und Herkunft unzulässig.	E1	gemäß DIN 18202, Tab. 3, Zeile 5	AF2	Versatz der Flächen im Fugen- und Stoßbereich bis ca. 10 mm zulässig. Feinmörtelaustritt auf den vorhergehenden Betonierabschnitt rechtzeitig entfernen. Trapezleiste in Arbeitsfugen o. Ä. empfohlen	SHK2	empfohlen
T2	gleichmäßige, großflächige Hell-/Dunkelverfärbungen zulässig. Schmutzflecken unzulässig. unterschiedliche Arten und Vorbehandlungen der Schalungshaut sowie Betonausgangsstoffe verschiedener Art und Herkunft unzulässig.	E2	gemäß DIN 18202, Tab. 3, Zeile 6	AF3	Versatz der Flächen im Fugen- und Stoßbereich bis ca. 5 mm zulässig. Feinmörtelaustritt auf dem vorhergehenden Betonierabschnitt rechtzeitig entfernen. Trapezleiste in Arbeitsfugen o. Ä. empfohlen.	SHK2	dringend empfohlen
T3 au- end	unzulässig sind großflächige Verfärbungen durch unterschiedliche Ausgangsstoffe, unterschiedliche Arten und Behandlungen der Schalungshaut, unterschiedliche Nachbehandlung sowie Schmutzflecken, deutlich sichtbare Schüttlagen und Verfärbungen verursacht durch Nichteinhaltung der Vorgaben aus Anhang A, Tabelle 3. Geringe Hell-/Dunkelverfärbungen (z. B. leichte Wolkenbildung, geringe Farbabweichungen) sind zulässig.	E3	gemäß DIN 18202, Tab. 3 Zeile 6. Höhere Ebenheitsanforderungen sind gesondert zu vereinbaren, Aufwendungen und Maßnahmen durch den AG detailliert festzulegen. Hinweis: Höhere Ebenheitsanforderungen, z. B. nach DIN 18202, Tab. 3, Zeile 7, sind nicht zielsicher erfüllbar.	AF4	Planung der Detailausführung erforderlich. Versatz der Flächen im Fugen- und Stoßbereich bis ca. 3 mm zulässig. Feinmörtelaustritt auf dem vorhergehenden Betonierabschnitt rechtzeitig entfernen. Weitere Anforderungen (z. B. Ausbildung von Arbeitsfugen und Schalungsstößen) sind detailliert festzulegen.	SHK3	erforderlich
T2 cht au- end	gleichmäßige, großflächige Hell-/Dunkelverfärbungen zulässig. Schmutzflecken unzulässig. unterschiedliche Arten und Vorbehandlungen der Schalungshaut sowie Betonausgangsstoffe verschiedener Art und Herkunft unzulässig.						

im Text und in weitergehenden Tabellen enthalten.

Die Klassifizierung beginnt mit der Sichtbetonklasse SB1. Diese formuliert die niedrigste Qualitätsstufe und wird mit »Betonflächen mit geringen gestalterischen Anforderungen« und den Bauteilbeispielen »Kellerwände oder Bereiche mit vorwiegend gewerblicher Nutzung« erklärt. Diese Flächenbeispiele charakterisieren Bauwerksbereiche im Hochbau, die üblicherweise im Mindeststandard und ohne gestalterische Absicht geplant und ausgeführt werden.

Die Sichtbetonklasse SB2 bezeichnet »Betonflächen mit normalen gestalterischen Anforderungen« und wird charakterisiert über die Bauteile »Treppenhausräume und Stützwände«. Diese Bauteilbeispiele bezeichnen Bereiche, in denen sich Publikum bewegt. An diese Flächen ist somit zumindest die Forderung einer gewissen Unauffälligkeit und Gleichmäßigkeit zu stellen. Auch die Sichtbetonklasse SB2 bezeichnet eine Mindestqualität ohne ausgeprägte Gestaltungsabsicht.

Die Sichtbetonklasse SB3 regelt »Betonflächen mit hohen gestalterischen Anforderungen, z. B. Fassaden«. Mit dieser Klassifizierung sind Bauteilflächen gemeint, die mit ausgeprägter Gestaltungsabsicht geplant wurden, in der Ergebniserwartung jedoch nicht an der oberen Grenze des Machbaren rangiert. Der größte Teil der derzeit mit der Forderung »Sichtbeton« belegten Betonflächen kann dieser Klasse zugeordnet werden.

Die Sichtbetonklasse SB4 bezeichnet »Betonflächen mit besonders hoher gestalterischer Bedeutung«. Bauteilbeispiele sind »repräsentative Bauteile«. Die Klasse SB4 entspricht damit im Grundsatz der Klasse SB3, die jedoch mit einer besonders anspruchsvollen Gestaltungsaufgabe und einer hohen Erwartung der Übereinstimmung des Ergebnisses mit der gestalterischen Vorstellung einhergeht. SB4 bezeichnet Bauaufgaben, die höchsten Aufwand in Planung und Ausführung erfordern.

Die Sichtbetonklassen SB3 und SB4 beschreiben und regeln Ansichtsflächen, bei denen das vertraglich geforderte Aussehen im Vordergrund steht und die planerische Vorstellung möglichst genau erfüllt werden soll. Der konstruktive Charakter der Betonbauteile ist gemäß der geltenden bauordnungsrechtlichen Regelungen zu erfüllen, vertragsrechtlich hat aber auch die gestalterischen Wirkung der Ansichtsflächen bei diesen Sichtbetonklassen ein erhebliches Gewicht. Dieses Prinzip gilt für beide Klassen, ist aber für die Klasse SB4 strenger anzusetzen als für die Klasse SB3.

1.4.3 Einzelkriterien

Den Sichtbetonklassen sind Einzelkriterien zugeordnet, die durch Kurzbezeichnungen klassifiziert sind. Die Abkürzungen werden durch Ziffern ergänzt, die zur graduellen Abstufung der jeweiligen Beschränkungen dienen. Diese Beschränkungen sind (mit Ausnahme der Porigkeit) in Tabelle 2 des Merkblatts detailliert erklärt. Die Beschränkungen zur Porigkeit sind in Tabelle 4 dargestellt.

Folgende Einzelkriterien werden formuliert:

Textur und Ausbildung der Elementstöße (T1 bis T3).
Beurteilt werden die Geschlossenheit der Betonoberfläche sowie Fehlstellen durch ausgelaufenen Zementleim, Flächenversätze und Grate an den Schalelementstößen.

- *Porigkeit* (P1 bis P4).
  Formuliert wird jeweils ein zulässiger Maximalwert der Gesamtporenfläche mit einem Durchmesser von 2 mm bis 15 mm auf 500 mm x 500 mm (0,25 m^2) Prüffläche. Da die Porigkeit bei der Verwendung saugender Schalhäute naturgemäß geringer ausfällt als bei nicht saugenden Schalhäuten, sind den Sichtbetonklassen SB2, SB3 und SB4 je nach Schalungshauttyp (s = saugend/ ns = nicht saugend) unterschiedliche Anforderungen zugeordnet.

- *Farbtongleichmäßigkeit* (FT1 bis FT3).
  Die graduelle Abstufung der einzelnen Kurzbezeichnungen ist verbal erklärt, da Farbtonabstufungen nicht exakt klassifizierbar sind. Regelkriterien sind Farbtonabweichungen jeder Art und Ursache. Da saugende Schalungshautsysteme auch hinsichtlich der Farbtongleichmäßigkeit im Allgemeinen die besseren Ergebnisse zeigen, wird für die Sichtbetonklasse SB4 bei Verwendung einer nicht saugenden Schalungshaut die Anforderung FT2, bei Verwendung einer saugenden Schalungshaut hingegen die Anforderung FT3 erhoben.

- *Ebenheit* (E1 bis E3).
  Die Ebenheit einer Sichtbetonfläche hängt hauptsächlich von der Steifigkeit der Schalung ab. Die Verformung der Schalung bei steigendem Schalungsdruck kann zu erkennbaren Ebenheitsabweichungen führen. Die Ebenheitsanforderungen werden als abgestufte Beschränkungen gemäß DIN 18202, Toleranzen im Hochbau [1.17], Tabelle 3, formuliert.

- *Arbeits- und Schalungshautfugen* (AF1 bis AF4).
  Ähnlich wie bei den Schalelementstößen werden auch hier mögliche Flächenversätze und Fehlstellen aufgrund von ausgelaufenen Zementleims beschränkt.

Die Einzelkriterien und Ausführungsregeln der Sichtbetonklasse SB4 sind trotz der hohen Anforderungen bewusst flexibel ausgelegt. Die Sichtbetonklasse SB4 ist damit auch zur Formulierung außergewöhnlicher Oberflächenbeschaffenheiten geeignet. Wenn solche gefordert sind, signalisiert die formelle Einordnung in die Sichtbetonklasse SB4 die hohe architektonische Bedeutung der Flächen. Die Beschreibung der Leistung ist bei der Planung außergewöhnlicher Oberflächen den Merkmalen entsprechend zu führen. Einzelkriterien der Sichtbetonklasse SB4, die mit den gewünschten Merkmalen unverträglich sind, muss der Planer in diesem Falle verträglich ausschließen oder einschränken. Dabei ist darauf zu achten, dass keine sinnlosen oder unausführbaren Anforderungen an die Oberflächenbeschaffenheit entstehen.

1.4.4 Schalungshautklassen

Das Merkblatt Sichtbeton formuliert drei Schalungshautklassen. Art und Zustand der gewählten Schalungshaut sind wichtige Voraussetzungen, um die geforderte Sichtbetonqualität zu erreichen. Es werden drei Schalungshautklassen (SHK1 bis SHK3) eingeführt, die über praktische Zustandskriterien erklärt und definiert sind. Die zwingende Zuordnung einer Schalungshautklasse zu jeder Sichtbetonklasse soll gewährleisten, dass die eingesetzte Schalungshaut zur Herstellung der geforderten Oberflächenqualität geeignet ist. Die Prüfung des Zustands der Schalungshaut ist durch den Ausführenden und vor jedem Einsatz eines Schalelements durchzuführen. Der Planer sollte die Zustandsvorgaben der geltenden Schalungshautklasse daraufhin überprüfen, ob die erwartete Oberflächenbeschaffenheit damit zu erreichen ist

1.5 Ausschreibung und Bauvertrag

und diese, sofern erforderlich, durch ergänzende vertragliche Forderungen anpassen.

Die höchste Schalungshautklasse SHK3 ist der Sichtbetonklasse SB4 zugeordnet. Im Sinne der Öffnung dieser Sichtbetonklasse für die Planung auch außergewöhnlicher Oberflächenbeschaffenheiten sind auch die Zustandskriterien der Schalungshautklasse SHK3 möglichst in Abstimmung mit dem Planer festzulegen.

1.5 Ausschreibung und Bauvertrag

1.5.1 Ausschreibung, Vertragsgestaltung und Vergabe

Obwohl die Herstellung von Ansichtsflächen aus Beton nahezu immer eine technisch anspruchsvolle Bauaufgabe besonderer Schwierigkeit darstellt, sind unzureichend formulierte Ausschreibungen und Bauverträge oft die größere Erschwernis bei der Realisierung der Baumaßnahme.

Der Erfahrung nach sind viele Baubetriebe in der Angebotsphase sehr zurückhaltend mit Rückfragen zur Abstimmung und Erläuterung unklarer vertraglicher Formulierungen. Zur Erlangung des Auftrags nimmt der Bieter den Zuschlag oft auch dann an,

Bild 1.38: Weißer Sichtbeton – offene und temporär geschützte Bauteile

wenn der Angebotspreis nach einer unklaren Leistungsbeschreibung ermittelt wurde und sich bereits bei den Vergabegesprächen deutliche Meinungsverschiedenheiten über das vertragliche Bausoll ankündigen. Die Folgen sind unterschiedliche Auffassungen über die Art und Qualität der Leistung, Planungs- und Kostenunsicherheiten auf Seiten des Ausführenden und Vertragsstreitigkeiten, die bei rechtlicher Austragung weit über die eigentliche Bauzeit hinausreichen können (siehe auch Kapitel 1.2).

Uneindeutige und unvollständige Planungen und Vertragsinhalte entstehen meist aus dem Mangel an Vorgaben und Hinweisen. Durch die Neufassung des Merkblatts Sichtbeton wurde bereits ab dem Jahr 2004 der Literatur- und Regelwerkshintergrund erheblich verbessert. Die Einführung der Sichtbetonklassen unterstützt zumindest die Planung des gewünschten Aussehens der Flächen. Neben einem Überblick über die derzeit verfügbaren Schalungs- und Schalungshautsysteme und der bei ihrem Einsatz zu erwartenden Oberflächenergebnisse erhält der Planer im Kapitel 5.2.2 Gestaltungsmerkmale einen Überblick über die von ihm in der Leistungsbeschreibung aufzuführenden Mindestangaben:

1. die Sichtbetonklasse
2. ggf. das Schalungssystem
3. die Schalungshaut und die Oberflächentextur der fertigen Flächen
4. die Ausbildung von Schalungsstößen (Schalungsmusterplan)
5. die Lage, Ausbildung und den Verschluss von Ankerlöchern (Schalungsmusterplan)
6. die Flächengliederung, also die Abmessungen der Schalungshautelemente und den Verlauf der sichtbaren Schalungshaut- und Schalelementfugen (Schalungsmusterplan)
7. die Lage, Breite, Ausbildung und den Verlauf von Fugen (sofern nicht in 6. erklärt – Schalungsmusterplan)
8. ggf. die Farbtongebung (Zementauswahl, Gesteinskörnungsauswahl, Durchfärbungen mit Pigmenten, Applikation von Lasuren oder Anstrichen)
9. ggf. die Oberflächenbeschaffenheit oder die Bearbeitung nicht geschalter Bauteilflächen

Die angeführten Merkmale sind zum Teil optional, die mit „ggf." eingeleiteten Oberflächenmerkmale sind Bedarfsbeschreibungen, die natürlich nur im zutreffenden Falle anzugeben sind. Diese Aufzählung kann als Checkliste und zur Prüfung der Planungsunterlagen auf Kohärenz und Vollständigkeit dienen.

Als kostenrelevante Leistungsinhalte sind neben den reinen Leistungspositionen auch mögliche vertragliche Ausführungsbedingungen zu betrachten, da sie meist Aufwand verursachen. Hierzu gehören vor allem vertragliche Maßnahmen zur Qualitätssicherung und zur Baustellensteuerung (siehe Kapitel 1.8.2), die sich zur Leitung von Bauaufgaben mit Sichtbetonflächen besonders eignen. Solche Maßnahmen und Forderungen sind bereits in den Ausschreibungsunterlagen aufzuführen.

In der Vorbereitung der Vertragsgestaltung ist auch die Vergabeform zu entscheiden.

Bei Projekten öffentlicher Bauherren und zwingender Geltung der Regelungen der VOB A werden Hochbauprojekte üblicherweise öffentlich ausgeschrieben. Bei diesem Vergabeverfahren kann jede Fachfirma ein Angebot abgeben und sich um den Auftrag bewerben. Der Auftrag muss bei diesem Verfahren an den Bieter vergeben werden, der das „günstigste“ Angebot abgegeben hat. Das Verfahren setzt damit bei allen Bietern eine ausreichende Sachkunde, Kapazität und Sorgfaltsabsicht voraus und entscheidet die Vergabe nahezu nur nach wirtschaftlichen Kriterien. Dies kann jedoch, vor allem wenn höhere oder außergewöhnliche Flächenqualitäten hergestellt werden sollen, erhebliche Nachteile haben.

Des Weiteren bietet die VOB A die Möglichkeit, den Auftrag in einer Beschränkten Ausschreibung, mit oder ohne Teilnahmewettbewerb zu vergeben. Gegenüber der sogenannten Öffentlichen Ausschreibung haben beide Verfahren erhebliche Vorteile, sind aber an bestimmte Randbedingungen gebunden. Wenn bei einem Objekt ausreichender Größe außergewöhnliche oder besonders anspruchsvolle Flächenmerkmale hergestellt werden sollen, empfiehlt sich eine Beschränkte Ausschreibung mit Teilnahmewettbewerb. Hierbei werden zunächst Teilnahmekriterien öffentlich ausgeschrieben, welche die Bewerber zu erfüllen haben. Mit diesem Nachweis ihrer Befähigung zur Ausführung des Auftrags qualifiziert sich eine Auswahl der Bewerber. Nur die so ausgewählten Bewerber können auf der Grundlage der formulierten und nachgewiesenen Befähigung ein Angebot abgeben. Der Zuschlag wird dann im zweiten Schritt an den wirtschaftlich günstigsten Bieter gegeben. Gegenüber dem Verfahren der Öffentlichen Ausschreibung bietet eine Beschränkte Ausschreibung in Grenzen die Möglichkeit, den Auftrag an einen Bieter nachgewiesener oder anzunehmender Eignung zu vergeben.)

Für die Vergabe von Aufträgen privater Bauherren gelten hinsichtlich des Verfahrens lediglich die Wünsche und Vorgaben des Bauherrn. Der Planer sollte diese Gestaltungsfreiheit nutzen und eine möglichst intensive Mitwirkung an der Vergabe suchen. Sichtbetonarbeiten sind stets Betonbauarbeiten besonderer Schwierigkeit und sollten nur an Firmen vergeben werden, auf deren Sachkunde und Ausführungsqualität Planer und/oder Bauherr vertrauen. Deshalb sollte der Kreis zugelassener Bieter für Sichtbetonarbeiten in jedem Fall auf eine enge Auswahl beschränkt werden. Dies erleichtert im Allgemeinen die Vertrags- und Vergabevorbreitung für alle Beteiligten

Im Hinblick auf die in der Leistungsbeschreibung oft schwer zu vermittelnde gestalterische Vorstellung vom Aussehen der Flächen kann es geboten oder zumindest günstig sein, die Angebotsunterlagen in einem Übergabegespräch auszugeben. Auch hierzu ist es von Vorteil, die Anzahl der Bieter zu beschränken. Das Übergabegespräch bietet eine Reihe von Möglichkeiten, die der Planer vor allem dann intensiv nutzen sollte, wenn auch die spätere Objektbauleitung in seinen Händen liegt:

- Das Gestaltungsziel und die besonderen Schwierigkeiten und Schwerpunkte der Bauaufgabe und das vom Bieter geplante Vorgehen können vorab diskutiert werden. Die dem Bieter im Gespräch mitgeteilten Detailinformationen und Erläuterungen können dokumentiert und durch diesen formell bestätigt werden. Dies sichert die Gesprächsinhalte ab.

- Der Planer kann zur Verdeutlichung der erwarteten Leistung auf Flächen an bestehenden Objekten verweisen und den Bieter zu einer (geführten) Besichtigung verpflichten.

- Der Planer kann sich einen persönlichen Eindruck von der Leistungsfähigkeit und dem Engagement des Bieters verschaf-

Bild 1.39: Gefärbter Sichtbeton ohne vertragliche Sichtbetonanforderung, Waldorfschule Augsburg, Ott-Architekten (Bild: Erbring)

fen und Referenzangaben des Bieters prüfen und hinterfragen.

In der Praxis ist Sichtbeton letztlich immer das Ergebnis des Versuchs, das gewünschte Aussehen von Flächen mit vertraglich verhältnismäßigen Mitteln, also mit den lokal verfügbaren Materialien und unter den Einflüssen der örtlichen Bedingungen (Jahreszeit, Wetter, etc.) herzustellen. Da eine völlige Übereinstimmung der praktisch herstellbaren Qualität mit der Vorstellung des Architekten meist nur schwer zu erreichen ist, ist es auch für den Planer hilfreich, seine Vorstellungen zunächst im Versuch mit dem Machbaren abzugleichen und die genaue vertragliche Oberflächenbeschaffenheit erst in Kenntnis der praktischen Möglichkeiten festzulegen.

Ein einfaches und faires Verfahren ist, zunächst Probeflächen herzustellen und aus diesen die vertraglichen Referenzflächen auszuwählen. Dieses Vorgehen befreit den Planer von der Aufgabe, das gewünschte Aussehen der Flächen in Ausschreibung und Bauvertrag durch improvisierte Formulierungen zu beschreiben. Ein weiterer Vorteil dieses Vorgehens ist, dass die Vorstellung des Planers der praktischen Machbarkeit gegenübergestellt wird. Dies lässt den Planungsgedanken »reifen« und schützt bei der Beurteilung der vertraglichen Ansichtsflächen vor Enttäuschungen.

Die Festlegung des Aussehens der vertraglichen Flächen an Erprobungsflächen bedeutet jedoch, dass sich die endgültige vertragliche Beschaffenheit der Flächen erst lange nach Abschluss von Ausschreibung, Vergabe und Bauvertrag herausstellt. Wie aber sind die Kalkulationsvorgaben in der Ausschreibung zu gestalten, damit der vom Bieter ermittelte Angebotspreis in jedem Fall auskömmlich ist, auch wenn die genauen Flächenmerkmale erst während der Bauzeit festgelegt werden?

Unter dem Begriff „Leistungsbeschreibung“ wird üblicherweise das sogenannte Leistungsverzeichnis (LV) verstanden. Das LV ist die listenartige Aufführung der einzelnen Teilleistungen, die für die Gesamtleistung, also die Realisierung des Bauwerks, erforderlich sind. Die jeweilige Fassung und Abgrenzung der Teilleistungen richten sich nach allseits bekannten Kriterien der VOB und nach eingeführten Begriffen und Üblichkeiten.

Das LV ist aber nur ein Teil der Leistungsbeschreibung. Denn es gibt bei jedem Bauvorhaben Dinge, die der Ausführende zu „leisten" hat, ohne dass sie sinnvoll in einer eignen Teilleistungsposition erfasst werden können, so erhöhen z. B. Erschwernisse gegenüber üblichen Arbeitsverhältnissen oder besondere technische Schwierigkeiten den Aufwand und damit die Leistung. Auch besondere Arbeitsbedingungen, z. B. Arbeitszeitbeschränkungen aus Lärmschutzgründen oder besonders hohe fachliche Anforderungen an das arbeitende Personal und deren Organisation (vergl. Kapitel 1.8) verursachen Kosten, die nicht in einer Teilleistung aufgeführt werden können, sondern die der Bieter bei der Kalkulation in die zutreffenden Teilleistungspositionen einrechnen muss. Auch das Aussehen der Sichtbetonflächen und die für sie geltenden Ausführungsbedingungen verursachen Kosten und können am besten über allgemeingültige Regelungen erläutert werden, die dann für alle oder für eine Auswahl an Sichtbetonflächen gelten und vertraglich auf die entsprechenden Leistungspositionen bezogen werden. Eine solche gesonderte Erläuterung der Leistung Sichtbeton außerhalb der Texte in den Leistungspositionen ist immer sinnvoll und trägt dazu bei, dass in der Angebotskalkulation vom Bieter ein Kostenansatz eingestellt wird, der die Herstellung einer entsprechend hochwertigen Sichtbetonfläche auskömmlich ermöglicht. Es gilt also, seitens des Planers genug Informationen über das gewünschte Aussehen der Flächen zu geben, damit der Kostenrahmen durch den Bieter richtig abgeschätzt werden kann.

Bild 1.40: Gestockte Fensterlaibungen, Zentralmoschee Köln, Paul Böhm

Da sich die Positionstexte im LV nicht dazu eignen, solch textintensive Informationen aufzunehmen, ist nach einer geeigneteren Stelle in der vertraglichen Struktur zu suchen. Eine Übersicht über die stets günstige Grundstruktur eines VOB-Vertrages gibt § 1 der VOB B, wenn auch mit anderer Motivation (über die Möglichkeiten, Kosten verursachende vertragliche Anforderungen, die in den Leistungstexten nicht hinreichend erläutert werden können, klar und rechtssicher in den Bauvertrag zu installieren, wird im Kapitel 1.8.4 vertieft berichtet). Für eine genauere Beschreibung der gewünschten Sichtbetonqualität eignet sich das Vertragselement der „Zusätzlichen Technischen Vertragsbedingungen (ZTV)".

Hierzu nachstehend ein kurzer Ablauf- und Maßnahmenplan:

1. *Situation:*
   Wandflächen in einem Schulgebäude sollen in Sichtbeton ausgeführt werden.
2. *Vorstellungen der Planung:*
   Glatter Sichtbeton gem. Sichtbetonklasse SB3 nach Tabelle 1 des Merkblatts Sichtbeton mit regelmäßiger Anordnung von Schalungshautfugen und Ankerlöchern, hergestellt mit einer nicht oder schwach saugender Schalung,
3. *Vorgehen der Planung:*
   Die endgültige Beschaffenheit der Oberflächen soll nach Versuchen unter den örtlichen Bedingungen der Baustelle entschieden werden. Bei der Erstellung der Ausschreibungs- und Vertragstexte wird hierzu eine Anzahl Erprobungsflächen als vertragliche Leistung vorgesehen. Aus diesen Erprobungsflächen sollen vertragliche Referenzflächen ausgewählt werden.
4. *Ausschreibung:*
   a) *Im Leistungsverzeichnis erhält jede Sichtbetonposition den Zusatz: „Sichtbeton gem. Sichtbetonklasse SB3 nach Tabelle 1 des DBV-Merkblatts Sichtbeton – für die Flächenmerkmale gelten die Regelungen der Zusätzlichen Technischen Vertragsbedingungen (ZTV)".*
   b) *Im Leistungsverzeichnis wird eine Leistungsposition zur Herstellung von Erprobungsflächen mit bauteilähnlichen Abmessungen vorgesehen (inkl. Gründung, Schutz, Vorhaltung, Rückbau und Entsorgung).*
   c) *Zur Unterstützung der Kalkulation wird den Ausschreibungsunterlagen der Schalungsmusterplan einer repräsentativen Wandabwicklung beigefügt, an welchem der Bieter die Schwierigkeit und den erforderlichen Aufwand für den Schalungsbau erkennen kann.*
   d) *Die Oberflächenbeschaffenheit der Sichtbetonflächen wird in den ZTV wie folgt festgelegt: Für die Leistungspositionen Nr.: … bis Nr.: … gelten die nachstehenden Anforderungen an das Aussehen der sichtbaren geschalten Betonflächen: Die Ansichtsflächen sind gemäß den Regelungen der Sichtbetonklasse SB3, gemäß Tabelle 1 des Merkblatts Sichtbeton, Ausgabe 2015, herzustellen. Die Ansichtsflächen sind glatt, mit nicht saugender Schalungshaut und den Angaben des Schalungsmusterplans entsprechend auszuführen. Die vertraglichen Referenzflächen zur Abnahme der Leistung werden aus den gemäß Leistungsposition Nr.: … herzustellenden Erprobungsflächen ausgewählt. Die Oberflächenmerkmale der Referenzflächen sind für Abnahme der vertraglichen Sichtbetonflächen maßgebend."*
   e) *(optional) Der Ausschreibung werden sogenannte Besondere Vertragsbedingungen (vergl. VOB, Teil B, §1, Abs. 2) hinzugefügt, in denen der Planer die für dieses Projekt geltenden Ausführungsbedingungen zur Qualitäts- und Baustellensteuerung formuliert (siehe auch Kapitel 1.8.2 Baustellensteuerung).*
   f) *(optional) Die Ausgabe der Ausschreibungsunterlagen erfolgt (bei beschränkter Ausschreibung) in einem Übergabegespräch. Hierbei vermittelt der Architekt dem Bieter das gewünschte Aussehen der Sichtbetonflächen anhand der Ausschreibungstexte, einiger Fotos und beliebiger anderer Hilfsmittel (ggf. mit Besichtigung bestehender Objekte). Die vertraglichen Regelungen zur Qualitätssicherung und Baustellensteuerung in den Besonderen Vertragsbedingungen werden erläutert*

und diskutiert. Die Inhalte des Übergabegesprächs werden in den wichtigen Punkten protokolliert.

Mit diesen Maßnahmen wird dem Bieter die Leistung detailliert erläutert und ist kalkulierbar. Zwar kennen zu diesem Zeitpunkt weder der Architekt noch der Ausführende die endgültige vertragliche Oberflächenbeschaffenheit – da diese jedoch aus den Erprobungsflächen ausgewählt wird, ist sie in jedem Falle mit dem kalkulierten Aufwand realisierbar.

Die Herstellung von Erprobungsflächen als vertragliche Bauteile erscheint als Maßnahme zur Festlegung der Oberflächenqualität zunächst aufwendig. Aus den praktischen Erfahrungen an einer ganzen Reihe von Sichtbetonprojekten hat sich jedoch gezeigt, dass nahezu nie mehr als ein Probebauteil hergestellt werden musste, um eine Einigung zur Zufriedenheit der Beteiligten zu erreichen. Offensichtlich schafft bereits die Planung eines Probebauteils mit gemeinsamer Abstimmung des technischen Vorgehens und der erwarteten Ergebnisse bei allen Beteiligten die nötige

Bild 1.41: Erprobungsfläche mit unterschiedlichen Schalmaterialien in den einzelnen Flächensegmenten und unterschiedlichen Betonen unter und oberhalb der Horizontalfuge
(Bild: röschert architektur + ingenieurbau)

Aufmerksamkeit, Vorbereitung, Sorgfalt und innere Einstimmung, die zu einem raschen Erfolg führt. Der gemeinsame Start der Beteiligten in eine anspruchsvolle Bauleistung nach intensiver Abstimmung und Prüfung aller Fährnisse schafft in der Realisierung ein qualitätsbewusstes Vorgehen und eine „ruhige Hand" auf allen Seiten. Dies ist eine wirksame Grundlage zum Erfolg.

Der Maßnahmenkatalog zur Erstellung einer Ausschreibung kann zur Auftragsvergabe und zur Einleitung der Sichtbetonarbeiten wie folgt fortgesetzt werden:

5. *Bauvertrag*
   Die in der Ausschreibung vorhandenen Leistungstexte, die Zusätzlichen Technischen Vertragsbedingungen und die Besonderen Vertragsbedingungen werden mit gleichlautenden Texten in den Bauvertrag übernommen.
6. *Bauleitung:*
   Unmittelbar nach der Vergabe werden gemeinsam mit den technischen Vertretern der ausführenden Firma Beratungsgespräche mit potenziellen Schalungshautherstellern und Transportbetonlieferanten geführt, und die Materialien für die Erstellung der Erprobungsflächen werden festgelegt.

Der Ausführende hat zu allen Materialien das Vorschlagsrecht.

In Vorbereitung der Ausführung wird ein »Sichtbetonteam« gebildet (siehe auch Kapitel 2.6.1 *Arbeitsorganisation und Sichtbetonteam*). Das erste Treffen des Sichtbetonteams sollte spätestens sechs Wochen vor der Herstellung der ersten Erprobungsflächen stattfinden. Es dient dazu, die Materialien und das technische Vorgehen zur Herstellung der Erprobungsflächen festzulegen. Die Erprobungen erfolgen sukzessive, jeweils nach gemeinsamer Ergebnis-

Bild 1.42: Sehr große Erprobungsfläche zum Bau eines Schiffshebewerkes mit Erprobung von Nachbesserungsverfahren in der unteren linken Flächenhälfte

beurteilung und Festlegung des weiteren Vorgehens. Das Sichtbetonteam kommt über die Bauzeit regelmäßig zusammen. Parallel zu den Versuchen an den vertraglichen Erprobungsflächen können technische Verfahrensvarianten an untergeordneten vertraglichen Bauteilen ohne Sichtbetonanforderung getestet werden (Keller, Technikgeschosse etc.).

Zur Festlegung der Beschaffenheit der vertraglichen Sichtbetonflächen wählt der Architekt in Abstimmung mit dem Ausführenden ein oder zwei Erprobungsflächen aus und kennzeichnet sie. Die formelle Festlegung dieser Flächen als vertragliche Referenz kann durch eine vertragsergänzende Vereinbarung zwischen dem Bauherrn und dem ausführenden Bauunternehmen geschehen.

1.5.2 Ausschreibung besonderer Flächenmerkmale (steinmetzmäßige Bearbeitung, Waschen, Säuern, Färben)

Bei der Auschreibung von Flächenmerkmalen, die von dem Gestaltungsziel der glatten, mit einer nichtsaugenden Schalungshaut hergestellten Sichtbetonoberfläche abweichen, können die unter Kapitel 1.3.2 erläuterten Verfahren entsprechend beschrieben werden.

Für die Ausschreibung besonderer Flächenmerkmale gilt generell das gleiche Vorgehen wie bei einfachen, z. B. durch die Schalungshaut gestalteten Flächenausprägungen.

In den vorhergehenden Kapiteln wird u. a. erläutert, dass es bei der Ausschreibung von Sichtbetonbauteilen im Grundsatz günstiger ist, die Leistungen zur Herstellung des technischen Stahlbetonbauteils und die Leistung „Sichtbeton“ in der gleichen LV-Position zusammenzufassen.

Bei Gewerken, die ohnehin von der Herstellung des Bauteiles zeitlich entkoppelt sind, wie z. B. alle steinmetzmäßigen Bearbeitungen oder Strahlarbeiten (auch Hochdruckwasserstrahlen), ist es jedoch naheliegend und richtig, diese Bearbeitungen in einer gesonderten Leistungsposition auszuschreiben. Diese Leistungen sind auch als gestalterische Ergänzungsleistung vergleichsweise aufwendig und werden ohnehin häufig durch Fachbetriebe als gesonderte Leistung ausgeführt.

Allerdings erfordern z. B. die Leistungen „Stocken“ oder „Scharrieren“ bestimmte Ausgangseigenschaften am unbearbeiteten Bauteil, die bereits in den Leistungstext zur Herstellung des Bauteils eingestellt werden müssen. Für ein unauffälliges Flächenbild in einer bearbeiteten Fläche sind vor allem die Ebenheit der unbearbeiteten Fläche und die Dichtigkeit der Schalung maßgebend.

An größeren Undichtigkeiten zwischen zwei Schalungshautelementen bilden sich beim Austreten von Wasser oder Mörtel dunkel gefärbte Bereiche, die mehrere Zentimeter tief ins Betongefüge hineinreichen können und auch nach einer Überarbeitung mit einem mittelgroben Stockhammer noch immer störend erkennbar sein können. Im Leistungstext können die zutreffenden Einzelkriterien mindestens der Sichtbetonklasse SB3 gefordert werden:

Es gelten die Einzelkriterien T2, E2 und AF3 gemäß Sichtbetonklasse SB3 des Merkblatts Sichtbeton.

Wenn die Forderung verschärft werden soll, können die entsprechenden Anforderungen der Klasse SB4 (T3, E3, AF4) angesetzt werden.

Diese Anforderungen erscheinen zunächst hoch, wenn man bedenkt, dass die gesamte Bauteiloberfläche noch einmal mechanisch überarbeitet und bis zu einer gewissen Tiefe abgetragen wird. Sie sind aber Voraussetzung zum Erreichen eines abweichungsfreien Bearbeitungsbildes. Dennoch sollte der kalkulatorische Ansatz des Ausführenden für diese Einzelkriterien nicht zu hoch sein, da er immerhin aus den Anforderungen zur Farbtongleichmäßigkeit und zur Porigkeit entlassen wird. Bei den Forderungen SB3 bzw. SB4 steckt aber das Gelingensrisiko vor allem im Einzelkriterium der Farbtongleichmäßigkeit.

Wenn materialabtragende Verfahren zur Gestaltung der Betonoberfläche eingesetzt werden, ist seitens der Tragwerksplanung ein entsprechender Zuschlag zur Betondeckung vorzusehen. Bei einer Bearbeitung durch Stocken bzw. Scharrieren ist ein Zuschlag von 5 mm bis 10 mm ausreichend, wenn die Flächen gespitzt werden, ist mit einem Materialabtrag von bis zu 30 mm zu rechnen.

Beim Stocken und beim Spitzen ist stets eine gesonderte Bearbeitung der Kantenbereiche erforderlich, da beide Verfahren zur Vermeidung von Schäden einige Zentimeter vor der Bauteilkante abgesetzt werden müssen. Die Kantenbearbeitung geschieht zwar in wesentlich kleineren Flächenbereichen, ist aber ungleich aufwendiger als die Bearbeitung einer ebenen Fläche und sollte deshalb in einer gesonderten Leistungsposition ausgeschrieben werden (Masseneinheit: Länge (m)).

Bild 1.43: Beton mit rotbrauner Pigmentierung und Brettschalung

- An gestockten Flächen werden die Kantenbereiche beidseitig etwa 2 cm bis 4 cm breit scharriert (siehe Kapitel 1.3). Zwar wird auch beim Scharrieren mit mechanischen Pressluft- oder Elektrohämmern gearbeitet, allerdings ist die Leistung bei der Kantenbearbeitung erheblich geringer als beim Arbeiten in der Fläche.

- An gespitzten Flächen werden die Kantenbereiche manuell mit sogenannten Einsprengmeißeln bearbeitet. Verfahrensbedingt können hierzu keine mechanischen Hämmer eingesetzt werden.

In den Leistungstexten sind die folgenden Begriffe sinnvoll und gebräuchlich:

- Feines Stocken (mit Scharrieren von Eck- und Kantenbereichen)

- Grobes Stocken (mit Scharrieren von Eck- und Kantenbereichen)

- Scharrieren

- Spitzen (mit Einsprengen von Eck- und Kantenbereichen).

Die Bearbeitung scharfer, also ungebrochener Bauteilkanten stellt für die steinmetzmäßige Bearbeitung keine Erschwernis dar. Da an jeder Bauteilkante auch einen Schalungshautfuge vorliegt, gilt auch hier die Anforderung einer möglichst guten Abdichtung, da dunkel verfärbte Ausblutungsbereiche an undichten Schalungshautfugen nach der Bearbeitung sichtbar bleiben.

Wenn die nachträgliche mechanische Bearbeitung einer Sichtbetonoberfläche ausgeschrieben wird, wird die jeweilige Flächengestaltung allein über die Nennung des Herstellungsverfahrens beschrieben. Aus diesem Grunde kann das endgültige gewünschte Flächenergebnis nur an praktischen Erprobungsergebnissen festgelegt werden. Die Erprobungen sollten an einer ausreichend großen Betonfläche erfolgen, an welcher auch die Überarbeitung von Innen- und Außenkanten, Gesimsen, Aussparungen, Einfassungen von Einbauteilen etc. im Versuch geklärt werden kann.

Wenn Sichtbetonbauteile großflächig scharriert werden sollen, sollten zur Herstellung des Betons möglichst Gesteinskörnungen mit geringer mineralischer Härte verwendet werden. Die entsprechende Forderung kann entweder in Zusätzliche Technische Vertragsbedingungen und/oder direkt in die Leistungsposition eingestellt werden (z.B. grobe Gesteinskörnung > 8 mm als Kalkstein oder mit ähnlicher mineralischer Härte). Bei der Verwendung der üblichen, mineralisch sehr harten Kiese stellt sich im Flächenergebnis meist keine ausgeprägte Scharriertextur dar.

Auch beim Strahlen mit festen Strahlmitteln („Sandstrahlen") oder bei einer geplanten Bearbeitung mit einem Hochdruckwasserstrahl sind Erprobungen unbedingt erforderlich, um die gestalterischen Erwartungen im praktischen Versuch zu bestätigen. Auch hierbei ist die Klärung des Umgangs mit Innen- und Außenkanten, Gesimsen, Aussparungen, Einfassungen von Einbauteilen etc. in Erprobungen zu klären und festzulegen.

Bild 1.44: Fertigteile mit maschinell geschliffenen Flächen, letzte manuelle Nacharbeiten (Bild: Dreßler-Bau)

Färben von Sichtbetonflächen
Zum Einfärben einer Sichtbetonfläche stehen wie bereits im Kapitel 1.3 erläutert wurde, zwei unterschiedliche Verfahren zur Verfügung:

- das Durchfärben des Betons mit Pigmenten oder
- die nachträgliche farbliche Gestaltung einer Betonfläche durch eine Lasur.

Bei entsprechender Vorbereitung sind mit beiden Verfahren weitgehend identische Farb- und Flächenergebnisse zu erreichen, da auch Bauteile aus mit Pigmenten durchgefärbten Betonen üblicherweise zum Schutz vor Witterungseinflüssen und störenden Ausblühungen (dann farblos) lasiert werden. Hierbei lassen sich dann auch unerwünschte Ungleichmäßigkeiten in der Farbpräsenz einfach korrigieren.

Da beide Verfahren letztlich ein nahezu gleiches Aussehen der fertigen Flächen ergeben, kann die Entscheidung zwischen diesen Verfahren nach anderen Kriterien als denen des Aussehens erfolgen. Naheliegend wäre eine Abwägung nach den jeweiligen Kosten und nach den technischen Gelingensrisiken.

Bei der Verfahrenswahl sollte zunächst grundsätzlich entschieden werden, ob mit Fertigteilen oder in Ortbetonbauweise gearbeitet werden soll.

Bei der Herstellung von Fertigteilen ist das Verfahren des Durchfärbens mit Pigmenten technisch und wirtschaftlich günstiger anzuwenden, als im Ortbetonbau. Durch die werksmäßige Herstellung entfallen fast alle Farbabweichungen durch baubetriebliche Einflüsse weitgehend (lagenweiser Betoneinbau, undichte oder unterschiedliche Schalungshaut, Trennmitteleffekte, Ausschalzeitpunkt etc.). Der eingefärbte (teurere) Sichtbeton kann bei der üblicherweise liegenden Herstellung der Fertigteile als kostengünstige, dünnschichtige Vorsatzlage eingebaut werden, wo hingegen beim Ortbetonbauteil das gesamte Bauteilvolumen aus eingefärbten Beton hergestellt werden muss – auch, wenn das Bauteil nur eine Sichtbetonseite hat.

Grundsätzlich ist das Verfahren des nachträglichen Einfärbens mittels einer Lasur das technisch sichere, einfacher zu planende und durchzuführende Verfahren. Hierbei wirkt jedoch oft die Vorstellung, eine Sichtbetonfläche mit einer nachträglichen, „lackartigen Beschichtung“ zu überziehen für viele Architekten als geschmackliche Entscheidungsschwelle. Meist wird befürchtet, dass die Betonfläche dabei ihren bauartidentischen stofflichen Ausdruck verliert, was jedoch durchaus nicht so ist.

Im Vergleich einer (in welchem Verfahren auch immer) eingefärbten mit einer unbehandelten, grauen Sichtbetonfläche ist sicherlich ein unterschiedlicher stofflicher Ausdruck festzustellen. Dieser wird aber nicht durch „Lasur oder Pigment“ verursacht, sondern durch den Unterschied zwischen „Farbe oder einfaches Betongrau“.

Wenn die Entscheidung zur Farbe gefallen ist, ist das Endergebnis nahezu immer lasiert:

- entweder farblos, zum Schutz einer mit Pigmenten eingefärbten Betonfläche,
- oder mit einer direkten Zumischung des Pigmentes zur Lasur.

Der Betrachter sieht also bei beiden Ausführungen genau das Gleiche: ein farbtonbildendes Pigment an der Betonoberfläche, entweder eingebunden in die Matrixoberfläche oder durch eine eingefärbte Lasur auf ihr fixiert – in beiden Fällen aber unter einer Lasur. Eine Lasur auf einer Betonfläche ist zwar nicht ohne optischen und technischen Effekt, sie erhält aber den stofflichen Charakter des Betons mit allen handwerklichen Merkmalen der Betonbauweise.

Zum Einfärben von Ortbetonbauteilen sollte also zunächst eine gefärbte Lasur erwogen und in Erprobungen oder am gebauten Beispiel geprüft werden.

Wenn an einer Betonoberfläche neben dem farblichen Effekt zusätzlich eine nachträgliche mechanische Bearbeitung erwünscht ist (Stocken, Strahlen etc.), muss der Beton mit Pigmenten eingefärbt werden. An Fertigteilen bietet das Einfärben des Betons mit Pigmenten zusätzliche Möglichkeiten der Kombination mit anderen Verfahren (Waschen, Säuern, Strahlen), die an Ortbetonflächen in dieser Ausprägung nicht realisierbar sind.

In der Ausschreibung wird eine Lasur üblicherweise als gesondertes Gewerk ausgeschrieben. Lediglich Lasuren auf Fertigteilflächen können zusammen mit dem jeweiligen Bauteil beschrieben werden, wenn sie bereits durch den Fertigteilhersteller vor der Auslieferung an die Bauteile durchgeführt werden sollen.

Zur Kalkulation benötigt der Bieter neben der Angabe des gewählten Färbeverfahrens eine möglichst genaue Information über den gewünschten Farbton. Längere Erläuterungen des Farbtons und ggf. zusätzlicher architektonischer Maßnahmen können in den Positionstexten des LVs oft nicht sinnvoll platziert werden. In der Leistungsposition sollte ein kurzer, deutlicher Hinweis auf den Farbton, auf das Färbeverfahren (und auf die Pos.-Nr. dafür) enthalten sein sowie ein Verweis auf einen weiteren Vertragsteil, in welchem die gewünschte Einfärbung dann vertieft erläutert wird:

Beispiel Positionstext (Betonbauteil, farbig lasiert):
Stahlbetonwand, innen, Beton nach DIN EN 206-1 und DIN 1045-2, Expositionsklasse XC1, W0, Druckfestigkeitsklasse C25/30, Sichtbetonklasse SB3, raumseitige Bauteilflächen mit eingefärbter Lasur gemäß Position XX.xxx.xxx, Zielfarbton mittelrot und wie in den ZTV, Abschn. Y.yy beschrieben.

Beispiel ZTV (Lasur):
ZTV, Abschn. Y.yy: Die innenseitigen Bauteilflächen der Betonbauteile zu den LV-Positionen ... (Positionsnummern der Bauteile angeben!) ... werden gemäß LV-Pos. XX.xxx.xxx mit einer geeigneten Lasur rot eingefärbt. Der Zielfarbton ist aus beiliegender/n ...(Farbmustertafel, Bauwerksfotos o. Ä.)... ersichtlich. Die Farbtonentscheidung erfolgt durch den Architekten an Erprobungsflächen (Pos. ZZ.zzz.zzz), die Auswahl eines geeigneten Lasursystems erfolgt durch den Bieter. Eine möglicherweise erforderliche Mehrlagigkeit des Lasurauftrags ist bei der Preisbildung zu beachten (ggf.: Zur Betonherstellung ist ein Zement zu verwenden, der einen möglichst hellen Ausgangsfarbton der unbehandelten Betonflächen ergibt.).

Wenn der Beton mit Pigmenten eingefärbt werden soll, wird bei der Ausschreibung ähnlich vorgegangen. Hierbei ist dem Bieter neben dem Zielfarbton auch anzugeben, ob (etwa für besonders hellbunte Farbtöne) ganz oder teilweise ein Weißzement oder ein anderer sehr heller Zement eingesetzt werden muss. Der Planer kann diese Entscheidung meist nicht ohne eine Fachberatung oder farbliche Vorversuche fällen. Fachberatungen leisten Pigmenther-

Bild 1.45: Wandflächen lagenweise gefärbt und grob gestockt, Gemeindezentrum Köln-Blumenberg, Nikolaus Bienefeld (Bild: Peri GmbH)

steller oder Transportbetonwerke, die gefärbte Betone anbieten.

In der Ausschreibung werden zwei Leistungspositionen vorgesehen: die übliche Stahl-/ Sichtbetonposition mit einem Hinweis zur Einfärbung, und eine Position zur Pigmentdosierung. Da die endgültige Pigmentdosierung erst in Erprobungen bestimmt wird und noch nicht fest ausgeschrieben werden kann, gibt der Bieter einen Einzelpreis für eine Dosierstufe an (1 % v. Zementgewicht oder max. 2 % v. Zementgewicht) an. Deutliche Einfärbungen benötigen Pigmentzugaben zwischen 3 und 6 % Pigment vom Zementgewicht des Betons. Der Einzelpreis für den einzelnen Dosierschritt wird also bei der Abrechnung der Leistung einfach über den endgültigen Dosierwert errechnet. Die Kosten der Leistung „Einfärben mit Pigmenten" sind so vom Bieter klar und eindeutig kalkulierbar und für den Planer über die Annahme einer Mitteldosierung recht gut abschätzbar.

Beispiel Positionstext (Betonbauteil, mit Pigmenten durchgefärbt):

Stahlbetonwand, innen, Beton nach DIN EN 206-1 und DIN 1045-2, Expositionsklasse

XC1, W0, Druckfestigkeitsklasse C25/30, Sichtbetonklasse SB3, eingefärbter Beton mit Weißzement (alternativ: Grauzement) und Pigmentzugabe, Zielfarbton Mittelrot (ggf.: und wie in der ZTV, Abschn. Y.yy beschrieben).

Beispiel Positionstext (Pigmentierung):
Zugabe von 2 % v. Zementgewicht roten Farbpigments zum Konstruktionsbeton der vorstehenden Leistungsposition (bei mehreren Bauteilen die zutreffenden Pos.-Nr. angeben!). Die Maximaldosierung beträgt voraussichtlich etwa 6 %.

In der weiteren Planung ist zu beachten, dass mit Pigmenten eingefärbte Sichtbetonaußenflächen im jungen Alter außerordentlich empfindlich gegen Niederschlagswasser reagieren und das mühevoll entwickelte Aussehen in kürzester Zeit verlieren können. Hierzu reicht oft bereits ein stärkerer Regenschauer, da die Bauteilflächen umso intensiver auf den Kontakt mit Wasser reagieren, je jünger und unreifer sie noch sind. Das Flächenbild kann langfristig, wie bereits mehrfach gesagt wurde, nur durch eine Lasur konserviert und gegen solche Einflüsse geschützt werden. Hierzu wäre dann eine weitere Leistungsposition erforderlich, die im Zusammenhang mit der Bauteilposition steht. Die Lasur sollte möglichst frühzeitig aufgebracht werden und wirkt auch an jungen Betonbauteilen. Bis zur Lasur müssen die gefärbten Flächen gegen Niederschlagswasser geschützt werden.

1.5.3 Sichtbetonflächen an Betonfertigteilen

Sichtbetonflächen an Fertigteilen mit den vorgenannten Gestaltungsmerkmalen sind typischerweise Flächen an Stahlbetonfertigteilen und werden branchensprachlich als „Architekturbeton" bezeichnet. Die Planung solcher Sichtbetonfertigteile unterscheidet sich – abgesehen von den tragwerksplanerischen Besonderheiten des Bauens mit Fertigteilen – kaum vom Ortbetonbau. Technisch ist vor allem die entsprechende Anpassung der für die Ortbeton- und die Fertigteile geltenden Maßtoleranzen, Wahl und Planung der Fügetechnik sowie der technische und der architektonische Umgang mit den unvermeidlichen Fugen zu betrachten. Die Herstellung der Betonbauteile in einem Fertigteilwerk bietet die bereits beschriebenen Qualitätsvorteile und erweitert die Palette möglicher Flächengestaltungen erheblich. Zudem bieten die Werksbedingungen dem Architekten ein Maß an Möglichkeiten, die Zielqualität in weniger aufwendigen Kleinversuchen gemeinsam mit dem Herstellwerk zu gestalten und zu entwickeln, oder sie aus bereits Vorhandenem auszuwählen oder zu kombinieren.

Leistungsfähige Fertigteilhersteller unterhalten im Allgemeinen technische Büros, die auf Nachfrage meist gern über die Möglichkeiten und Erfordernisse des Bauens mit Fertigteilen beraten und im Auftragsfall oft einige Planungs- und Abstimmungsaufgaben übernehmen. Vor allem die baubetrieblichen Abstimmungen zu Einbauart, örtlichen Gegebenheiten und die Abstimmung von Abmessungstoleranzen zwischen Ortbetonkonstruktion und Fertigteilen werden oft direkt zwischen dem Rohbauunternehmer und dem Fertigteilhersteller gelöst.

Bei dem Einsatz von Betonfertigteilen sind jedoch bei der Planung und bei der Vertragsgestaltung ein paar grundlegende Aspekte zu beachten:

- Beim Bauen mit Fertigteilen kann es je nach der vertraglichen Konstellation und Weitergabe zu Unschärfen durch einen Übergang vom Werkvertragsrecht zum

Lieferrecht kommen: eine werkvertragliche Bauleistung ist fertig, wenn sie die vereinbarten Eigenschaften mängelfrei vorweist. Ein Fertigteil kann aus vertraglicher Sicht eine Bauleistung oder ein geliefertes Produkt sein. Im zweiten Falle kann der Besteller sowohl der Bauherr als auch das ausführende Bauunternehmen sein. Bis ein Betonfertigteil von Werk bis in die endgültige Einbauposition gelangt ist, sind eine Reihe unterschiedlichster Arbeitsabfolgen erforderlich, zu denen je nach vertraglicher Konstellation möglicherweise nicht immer ganz klar ist, wer welchen Vorgang verantwortet und wo die Übergangs- und Übergabepunkte sind.

Auch wenn ein Fertigteil vor der Verladung im Werk der Zielqualität entspricht (und vielleicht sogar durch eine Vorbemusterung freigegeben wurde) bedeuten der Transport, die Entladung, ggf. Zwischenlagerung und der Versatz der Teile erhebliche Risiken der Verschmutzung und Beschädigung der Teile.

Damit die Verantwortung für die Endqualität der Sichtbetonflächen und für die technische Unversehrtheit der Fertigteile im fertig eingebauten Zustand klar zugeordnet ist, sollte diese möglichst vertraglich an die Firma vergeben werden, welche die Teile in die endgültige Einbaulage versetzt – und zwar ungeachtet, ob es sich hierbei um eine Leistung des Rohbauers, des Fertigteilherstellers oder eines Dritten handelt. Wer die Endqualität der Teile verantwortet, bemüht und kümmert sich im Allgemeinen auch um einen entsprechend schonenden Transport – oder er kontrolliert die Fertigteile beim Eintreffen an der Baustelle und lehnt die Annahme ab, wenn diese beim Beladen oder beim Transport beschädigt oder verschmutzt wurden.

Bei jeder möglichen vertraglichen Konstellation sollte der Planer vor Beginn der Ausführung, also auch vor Beginn der Herstellung der Fertigteile, die schlüssige Weitergabe der technischen und gestalterischen Anforderungen und die lückenlose (werk- oder liefer-) vertragliche Verteilung der Verantwortungsbereiche prüfen.

1.5.4 Leistungsabgrenzungen

Zur fairen Vertragsgestaltung ist es hilfreich, in der Ausschreibung und im Bauvertrag deutlich festzulegen, welche Leistungen als *Nebenleistungen* im Sinne des Vertrages verstanden werden oder potentiell unklare Leistungsteile direkt als *Gesonderte (oder Besondere) Leistung* in den Bauvertrag aufzunehmen. Es empfiehlt sich stets, nach der Fertigstellung und vor der Ausgabe der Ausschreibungs- bzw. Vertragsunterlagen eine abschließende „Kohärenzkontrolle“ zwischen den vertraglich aufgeführten Teilleistungen und der erwarteten Gesamtleistung durchzuführen, um unklare oder gar vergessene Leistungsteile zu erkennen.

Zur eindeutigen Klärung der Vergütung von Leistungsteilen empfiehlt es sich, einen entsprechenden Absatz in den Vertrag aufzunehmen, in welchem üblicherweise strittige Leistungen oder Leistungsteile entweder als *Besondere Leistungen* oder als *Nebenleistungen* definiert werden. Hierbei ist zu beachten, dass es in der VOB C, Allgemeine Technische Vertragsbedingungen, DIN 18299 *Allgemeine Regelungen für Bauarbeiten jeder Art* [1.11], und DIN 18331 *Betonarbeiten* [1.12], bereits Regelungen zu Nebenleistungen gibt, die zu berücksichtigen sind.

Grundsätzlich gilt, dass *Nebenleistungen* Sekundärleistungen sind, die gegenüber der Primärleistung von minderem und abschätzbarem Aufwand sind und arbeitstechnisch in so engem Zusammenhang mit der Ausführung einer Teilleistung stehen, dass diese ohne die *Nebenleistung* nicht vollständig ausgeführt werden kann.

Eine häufige Nachtragsbegründung bei der Realisierung von Sichtbetonarbeiten wird durch die Notwendigkeit zur Verwendung einer gegenüber den statischen Erfordernissen höherwertigen, teureren Betonzusammensetzung formuliert. Natürlich ist ein solcher Nachtragsvorstoß im Grundsatz abzuweisen, wenn die Leistung „Sichtbeton" in der Leistungsbeschreibung klar beschrieben ist. Dennoch empfiehlt es sich, auch hierzu eine entsprechende Regelung in den Bauvertrag aufzunehmen, z. B. mit der Festlegung, dass „*...alle sich aus den vertraglichen Vorgaben ergebenden Anforderungen an die Betonzusammensetzung und -eigenschaften sowie an die zu verwendenden Ausgangsstoffe, Herstellungs- und Einbauverfahren Nebenleistungen zu den Sicht- und Stahlbetonarbeiten und in den zutreffenden Einzelpreisen zu berücksichtigen sind*".

Die häufige Ausschreibungspraxis, die Leistung „Sichtbeton" als Zulageposition zur Position des betreffenden Stahlbetonbauteils zu formulieren, hat bei der späteren Projektbauleitung meist erhebliche Nachteile. Der Ausschreibende überlässt dem Bieter damit die Wertverteilung zwischen dem technischen Stahlbetonbauteil und seinen architektonischen Flächen und damit die finanzielle Bewertung der Leistung „Sichtbeton". Bei einer solchen Verteilung in zwei Leistungspositionen ist bei der

Bild 1.46: Schulgebäude, gefärbter Beton, Ornamentbeitrag der Schüler (Bild: Erbring)

Prüfung des Preisspiegels verstärkt darauf zu achten, dass die für den Sichtbeton eingetragenen Einzelpreise verhältnismäßig und vor allem nicht zu niedrig sind. Wenn der Auftragnehmer die geforderte Sichtbetonqualität verfehlt, verliert er zunächst (nur) die in die Zulagepositionen eingetragenen Beträge. Sind diese aber gering angesetzt und entsprechen nicht den echten Kosten zur Herstellung der Sichtbetonqualität, kann auch die Motivation des Ausführenden, die geforderten Qualitäten zu erreichen, entsprechend gering sein.

Bei der Differenzierung zwischen *Besonderer Leistung* und *Nebenleistung* sind die Maßnahmen zum Schutz der fertigen Sichtbetonflächen gegen die baubetrieblichen Einflüsse des Roh- und Innenausbaus besonders zu betrachten. Diese Schutzmaßnahmen für Sichtbetonbauteile sollten grundsätzlich als *Besondere Leistung* ausgeschrieben werden. Sie sind umfangreich, erfordern erhebliche Sachkenntnis und bilden einen abgeschlossenen Leistungsbereich, der mit der Herstellung der Sichtbetonbauteile nur über den Aspekt des Schutzbedarfs in Verbindung steht und je nach örtlichen Gefährdungsverhältnissen sehr aufwendig sein kann.

1.6 Weitere Hinweise

In den vorangegangenen Kapiteln zur Planung von Sichtbetonarbeiten wurde ausgeführt, welche Verantwortungsabgrenzungen zwischen Planung und Ausführung gelten, wie die geforderte Oberflächenqualität beschrieben und wie ein Sichtbetonvorhaben in eine qualitätsvolle Ausführung gesteuert werden kann. In Ergänzung hierzu gibt es weitere Aspekte der Vertragsgestaltung, welche die genannten Hauptelemente sinnvoll ergänzen und abrunden.

Die nachstehend genannten und erläuterten Vertragsregeln wurden im Rahmen von Beratungen an konkreten Sichtbetonobjekten entwickelt und haben sich in der praktischen Umsetzung bereits mehrfach bewährt.

In der Praxis gibt es fast immer mehrere, und vielleicht auch noch unbekannte *Wege*, um das Bau*ziel* Sichtbeton zu erreichen. Die Vielfalt der Möglichkeiten sollte durch die bauvertraglichen Festlegungen keinesfalls eingeschränkt werden. Im vertraglichen Stil bedeutet dies, dass die von der Planung gewählten Regelungen gegenüber besseren technischen Lösungen offen sein sollten. Grundsätzlich muss gelten:

Sofern der Ausführende nachweist, dass ein von den Grundsätzen des Vertrages abweichendes Vorgehen auf wirtschaftlichere Weise ein gleichwertiges oder ein besseres Ergebnis zeigt, ist dieses Vorgehen sinnvoll und sollte zugelassen sein.

Jede Projektabwicklung ist günstigstenfalls als gemeinsame Suche von Planendem und Ausführendem nach der maximalen Qualität unter optimalen wirtschaftlichen Bedingungen zu verstehen. Hierzu sollte der Planer die Innovativität und Fachkenntnis des Ausführenden zulassen und nutzen und im Zweifelsfall auch die eigenen vertraglichen Vorgaben auf den Prüfstand stellen. Diese technische Toleranz in der Vertragsgestaltung kann bei geeigneten Regelungen, z. B. durch eine abschließende „Öffnungsklausel" erreicht werden. Hierzu ein Beispiel:

Zur Einbindung der Regelungen des Merkblatts Sichtbeton in den Bauvertrag eignet sich das Kapitel 6 des Merkblatts sowie die Anhänge A bis D. Die bauvertragliche Klausel lautet also:

Bild 1.47: Farblich differenzierte Fertigteilfassade an einem Verwaltungsgebäude (Bild: Hemmerlein Ingenieurbau GmbH)

Für die Ausführung der Sichtbetonflächen gelten (u. a.) die Regelungen in Kapitel 6 sowie die Anhänge A bis D des Merkblatts Sichtbeton.

Die Öffnungsklausel hierzu kann lauten: *Abweichungen von diesen technischen Vorgaben und Empfehlungen des Merkblatts Sichtbeton sind im begründeten Falle zugelassen, erfordern jedoch die Information und die Zustimmung des Auftraggebers.*

Planer und Ausführender beschließen also ggf. gemeinsam und unter gleicher Kenntnislage ein abweichendes, aber günstigeres technisches Vorgehen.

Für die Ausführung von Betonbauwerken, auch solchen mit Sichtbetonanforderungen, gelten im Allgemeinen die DIN EN 13670, Ausführung von Tragwerken aus Beton [1.04] zusammen mit DIN 1045-3 [1.05] als Nationales Anwendungsdokument zu DIN 13670. Diese Normen sind bauordnungsrechtliche Regelwerke, sie gelten also obligatorisch, wenn ein Bauteil in den Geltungsbereich dieser Normen fällt und brauchen in diesem Falle nicht vertraglich vereinbart werden. Die Norm enthält gute und qualitätssichernde Regelungen zur Herstellung von Beton-, und natürlich auch Sichtbetonbauwerken bis hin zu den Nachweisen im Rahmen des normativen Sicherheitssystems. Wenn eine Bauaufgabe u. a. Sichtbetonbauteile enthält, die nicht diesen bauordnungsrechtlichen Regelungen unterliegen, ist es hilfreich, die Geltung dieser Normen für alle Sichtbetonbauteile vertraglich festzulegen, damit sichergestellt ist, dass alle Sichtbetonflächen im gleichen Qualitätsstandard ausgeführt werden.

1.6.1 Schalungsmusterplan

Die Hauptplanungsdetails zur Strukturierung der Sichtbetonflächen durch die

Anordnung der Schalungshautelemente und/oder der Schalungselemente sowie der Ankerlöcher werden im Allgemeinen in einem Schalungsmusterplan dargestellt. Die Anfertigung der Schalungsmusterpläne ist originäre Aufgabe des Architekten, also des Planers. Der Schalungsmusterplan ist als vertragliches Dokument zu betrachten, ist also eine planerische Pflichtvorgabe.

Das übliche Vorgehen der planerseitigen Anfertigung der Schalungsmusterpläne ist jedoch meist technisch und organisatorisch für beide Vertragspartner von Nachteil:

- Die Abmessungen (das „Raster") der Schalungshautelemente und die Lage der Ankerlöcher in den Schalungsmusterplänen werden bei der Planung oft „gegriffen", entweder wurden sie nach den Vorstellungen des Architekten „frei" nach der Bauteilgeometrie entworfen, oder sie wurden aus den Elementmaßen der technischen Unterlagen eines beliebigen Schalungsherstellers entnommenen. Die Anordnung der Ankerlöcher geschieht meist ebenfalls nach gestalterischen Kriterien und ohne Betrachtung ihrer statischen Funktion zur Herstellung der Steifigkeit der Schalung. In vielen Fällen ist die geplante Schalungshaut bei der Ausführung jedoch nicht oder nicht mehr erhältlich und das festgelegte Fugenraster müsste durch kostenintensive und verlustreiche Zuschnitte einer anderen Schalungshaut erreicht werden. Eine schalungstechnisch ungünstige Ankeranordnung kann zu einem erheblichen Mehraufwand führen, um die Schalung standsicher zu machen und die Verformungen durch den Schalungsdruck zu beschränken.

- Der Architekt hat die Verantwortung der pünktlichen und frühzeitigen Anlieferung der Schalungsmusterpläne. Dies ist vor allem dann kritisch, wenn Schalung und Schalungshaut intensiv vorbereitet werden müssen, der Planungsvorlauf also groß und zwingend einzuhalten ist. Somit besteht vielfach die Gefahr eines folgenschweren Planungsverzugs, der den Ausführenden faktisch behindert und erhebliche vertragliche Konsequenzen nach sich ziehen kann.

Aus den genannten Gründen ist es meist vorteilhaft, die Herstellung der Schalungsmusterpläne als vertragliche Leistung an den Ausführenden weiterzugeben. Damit der Ausführende den Aufwand für die Leistung „Herstellen der Schalungsmusterpläne" bereits in seinem Bieterangebot zielsicher kalkulieren kann, muss schon in der Ausschreibung genau beschrieben sein, was diese Leistung enthalten soll. Günstig ist es, der Ausschreibung die Schalungsmusterpläne einiger repräsentativer Bauteile beizulegen, aus der die Gestaltungsgrundsätze, also die gewünschte Flächengliederung und andere Hauptdetails erkennbar sind. Der Planer sollte die von ihm vorgegebene Flächengliederung jedoch als „beispielhaft" erklären und den Bieter bzw. den Ausführenden zu alternativen Vorschlägen ermutigen. Der Ausführende wird nahezu immer einen Gegenvorschlag unterbreiten, in welchem er die aus seiner Sicht wirtschaftlich und technisch günstigste Kombination von Schalungshaut, Schalungssystem und Herstellungsverfahren zusammenführt, die der Gestaltungsabsicht des Architekten meist gut entspricht. Der Planer sichert sich und seinem Bauherrn durch dieses Vorgehen einige technische und wirtschaftliche Vorteile:

- Der Ausführende wird stets eine preislich günstige und vor allem erhältliche Schalung anbieten und zuschnittarme Schalungshautraster verwenden. Dies spart

Ausführungskosten ohne die Verwendung minderer Materialien oder technisch ungünstiger Verfahren zu erzwingen. Oft kann der Ausführende durch die Nutzung langjähriger Lieferbeziehungen zu bestimmten Herstellern zusätzliche Rabatte oder Vergünstigungen in die Preisberechnung einfließen lassen.

- Die Verantwortung für die pünktliche Fertigstellung der Schalungsmusterpläne und der Schalung liegt in Händen der Ausführungen. Die vertragliche Behinderung des Ausführenden durch einen Planungsverzug ist damit ausgeschlossen.

Im praktischen Vorgehen wird der Ausführende vertraglich verpflichtet, dem Architekten zu jedem Sichtbetonbauteil frühzeitig einen Schalungsmusterplan zur Genehmigung vorzulegen, aus dem mindestens die Schalungshautfugen und die Anordnung der Ankerlöcher ersichtlich sind. In der Praxis hat sich mit diesem Vorgehen gezeigt, dass sich die Abstimmung der Schalungsmusterpläne zwischen dem Ausführenden und dem Architekten meist bereits nach kurzer Bauzeit einspielt und informell über Handskizzen oder über mündlichen Zuruf geführt wird. Der Architekt bekommt auf diese Weise rasch ein grundlegendes Vertrauen in die Kompetenz des Ausführenden, wenn er seine Vorstellungen im Grundsatz verstanden sieht.

1.6.2 Untersichten

Deckenuntersichten sind Sichtbetonflächen besonderer Schwierigkeit. Aufgrund ihrer bauartbedingten Eigenheit zeigen Betonflächen an Untersichten oft einige charakteristische Abweichungen, die je nach Ausprägung die Sichtbetonqualität erheblich beeinträchtigen können:

- Betonstahl hat fast immer einen Rostbelag, der beim Verlegen teilweise abrieselt und auf der Schalung liegen bleibt. Wird gleichzeitig ein öliges Trennmittel verwendet, verbinden sich die Rostpartikel mit dem Trennfilm und können durch die übliche Druckluftreinigung nicht mehr völlig entfernt werden. Beim Betonieren schiebt die Frischbetonfront die Rostpartikel vor sich her und konzentriert diese in bestimmten Bereichen. Die Folge sind örtlich partielle Rostverfärbungen.

- Bei der Herstellung der Schalung, beim Verlegen der Bewehrung und beim Betonieren arbeitet das Personal direkt auf der Schalungshaut. Die Schalungshaut ist zu dieser Zeit bereits betonierfertig, sie ist gereinigt, vorbereitet und mit Trennmittel behandelt worden. Beim Laufen, Knien, Ablegen von Werkzeug etc. können Verschmutzungen und andere Spuren entstehen, welche sich unmittelbar auf den entstehenden Betonflächen abzeichnen oder diese auf andere Weise beeinträchtigen können.

- Die Vorbereitung einer Deckenschalung benötigt im Allgemeinen erheblich mehr Zeit als die eines Wandabschnitts. Allein aufgrund der langen offenen Liegezeit der Schalung ist die Wahrscheinlichkeit sehr hoch, dass sich Witterungseinflüsse negativ auswirken. Hinzu kommt, dass sich Witterungsereignisse, wie z. B. Regen, Frost oder starke Sonneneinstrahlung, auf einer horizontal liegenden Deckenschalung wesentlich intensiver auswirken, als an einer vertikalen Wandschalung.

- Aufgrund ihrer statischen Funktion und Bedeutung bleiben Deckenuntersichten auch bei Aktivierung aller möglichen Maßnahmen vergleichsweise lange in der Schalung. Selbst wenn Hilfsunterstützungen angeordnet werden, vergeht meist mindestens eine Woche, bevor die Deckenuntersicht gänzlich entschalt ist. Diese lange Liegezeit in der Schalung fördert Negativeffekte wie Dunkelfleckigkeit oder gar eine generalisierte Dunkelfärbung der Decke. Beide Effekte können sehr dauerhaft sein, d. h. mit dem kurzfristigen Verschwinden einer partiellen oder generellen Dunkelfärbung ist nicht zu rechnen.

- Eine Deckenschalung bildet im Rohbauablauf im Allgemeinen das aktuell oberste Bauteil des Gebäudes und ist Regenwasser meist ungeschützt ausgesetzt. Dieses weiche Regenwasser läuft nach dem Erhärten des Betons von der Bauteiloberfläche durch die Seitenschalung bis in Bereiche zwischen der horizontalen Deckenschalung und der Deckenuntersicht. Dies wird durch kapillarähnliche Adhäsionseffekte unterstützt: das Wasser wird also zum Teil sehr weit in diesen Bereich transportiert und kann dort nur sehr langsam wegtrocknen. Die Kontaktflächen mit Wasser an der Deckenuntersicht setzen sich von den trocken gebliebenen Deckenbereichen sehr deutlich störend ab und können u. a. Ausblühungen, Laufspuren, Auswaschungen, Kalkschlieren und Kombinationseffekte zeigen.

Rost an Wandflächen ist im Allgemeinen durchaus vermeidbar und gilt als Kunstfehler, - Rost an Deckenuntersichten kann dagegen allein aus baubetrieblichen Gründen nur durch den Einsatz einer verzinkten Bewehrung sicher vermieden werden. Rostflecken an Deckenuntersichten sind also baubetrieblich so gut wie nicht vermeidbar, weshalb der Bauherr das Risiko von Rostflecken natürlich mitzutragen hat, wenn er sich für die günstigere, unverzinkte Bewehrungsvariante entschieden hat. Andererseits entbindet diese Risikoteilung den Ausführenden nicht davon, erkennbar Sorgfalt zu üben, um Rostflecken an Untersichten auch bei nicht verzinkter Bewehrung nach Möglichkeit zu vermeiden.

Die Praxis zeigt, dass bei Anordnung entsprechender Maßnahmen auch ohne verzinkte Bewehrung die Herstellung weitgehend rost- und verschmutzungsfreier Untersichten möglich ist. Wirksame Maßnahmen sind z. B. der Einsatz eines Trennmittels mit einem (z. B. wachsharten) nicht klebrigen Trennfilm sowie das Tragen von Filzüberschuhen auf der Schalung mit strenger Trennung der Arbeitskolonnen zur Arbeit auf und abseits der Deckenschalung. Alle möglichen Maßnahmen erfordern jedoch einen erhöhten Aufwand vor allem in der Arbeitsorganisation und in der Auswahl einiger Materialien (Trennmittel).

An Deckenuntersichten ergeben sich aufgrund der technischen Natur des Bauteils nur wenige gestalterische Alternativen:

- Als Fertigteile können für Geschossdecken nur Vollmontagedecken, Halbfertigteile, Klimadecken oder Spannbeton-Fertigdecken eingesetzt werden. An Fertigteilen und Halbfertigteilen sind prinzipiell alle Oberflächenausprägungen herstellbar, wie an anderen architektonischen Fertigteilen auch (Waschen, Säuern, Färben), allerdings ist es sicherlich schwierig, solche oberflächenfertigen Vorgestaltungen über die nachfolgenden Gewerke des Verlegens und Unterstützens, der Ergänzung von Schalung und Bewehrung und des Betonierens zu schützen und zu erhalten. An Spannbeton-Fertigdecken sind architektonische Vorgestaltungen an Deckenuntersichten bei Fertigteilherstellung nicht sinnvoll möglich.

Bei der Wahl der Schalungshaut können zur üblichen glatten und nicht (oder gering) Wasser saugenden, beschichteten Mehrschichtenplatte alle marktgängigen Alternativen eingesetzt werden (Brettschalungen, unbeschichtete Schalplatten, OSB-Platten etc.). Generell gilt, dass eine stark saugende Schalungshaut zwar meist ein mehr oder weniger intensives Eigenbild an der Betonoberfläche hinterlässt, dafür aber viele Störeffekte, wie z. B. die genannten Dunkelfleckigkeit oder die Regenwassereffekte, seltener und in weit geringerer Ausprägung auftreten.

Zwar verpflichtet die Angabe (Ausschreibung) bzw. die Forderung (Bauvertrag) einer Sichtbetonklasse den Ausführenden grundsätzlich dazu, diese Qualität auch an den Untersichten sicherzustellen, dennoch sollte der Planer in Kenntnis der besonderen Schwierigkeit entsprechende Vorgaben und Hinweise machen. Das Ziel sollte sein, den Ausführenden zu informieren und ihn zur besonderen Planung seines baubetrieblichen Vorgehens an Sichtbetonuntersichten zu verpflichten.

In der Ausschreibung sollte auf die besondere Schwierigkeit bei der Herstellung der geforderten Sichtbetonklasse an Untersichten hingewiesen werden. Im Bauvertrag sollte die Erarbeitung eines Konzepts präventiver Maßnahmen zur Absicherung der geforderten Betonqualität an Untersichten durch den Ausführenden ausdrücklich gefordert sein. Der Planer kann sich frühzeitig vor dem Betonieren der ersten Untersichten über die geplanten Maßnahmen unterrichten lassen. Die endgültige Kombination der Maßnahmen sollte mit dem Planer abgestimmt und durch diesen freigegeben werden.

Es sei noch darauf hingewiesen, dass die Erprobung von Sichtbetonuntersichten zur Festlegung und Absicherung der Oberflächenqualität im Allgemeinen unverhältnismäßig aufwendig ist und deshalb meist nicht durchgeführt werden kann. Zusätzlich zu den ohnehin erhöhten herstellungstechnischen Schwierigkeiten kommt also auch noch ein Mangel an Versuchs- und Abstimmungsmöglichkeiten zwischen dem Architekten, dem Bauherrn und dem Ausführenden. Dies sollte allen Beteiligten vor Beginn der Arbeiten und bei der Beurteilung der Arbeitsergebnisse gegenwärtig sein.

1.6.3 Einzeldetails

Zu planen und im Zuge von Ausschreibung und Bauvertrag zu erläutern sind, neben den Hauptmerkmalen eines Sichtbetonbauteils, auch die Art des Verschlusses der Ankerlöcher, die Ausbildung ungeschalter Teilflächen und die Ausbildung der Bauteilkanten.

Hinsichtlich der Kantenausbildung ist eine deutliche Neigung der Architekten zur Anordnung sogenannter scharfer, ungefaster (ungebrochener) Kanten zu verzeichnen. Obwohl die Literatur und die Regelwerke vor der Anordnung scharfer Kanten und den entsprechenden Ausführungsrisiken warnen, ist einzuräumen, dass die weitgehend fehler- und schadensfreie Ausführung scharfer Bauteilkanten bei entsprechender Arbeitssorgfalt in vielen Fällen gelungen ist. Das Ausführungsdetail „scharfe Kante" und das baubetriebliche Vorgehen zu ihrer erfolgreichen Herstellung sollten in jedem Fall an Erprobungsflächen erarbeitet und abgesichert werden. In die Planung der Schutzmaßnahmen ist ein besonderes Kantenschutzkonzept aufzunehmen.

Bei der Planung der Kantenausbildung ist zu beachten, dass die Gemeindeun-

Bild 1.48: Untersicht in Weißbeton, besondere baubetriebliche Sorgfalt statt verzinkter Bewehrung

fallversicherer an öffentlichen Gebäuden bestimmter Nutzung (z. B. Schulen) die Anordnung scharfer Bauteilkanten bis zu einer Höhe von zwei Metern über dem Fußboden ausschließen (siehe auch Kapitel 2.3.2.5).

1.7 Nachbesserung

Bei der Planung der Bewehrung von Wandbauteilen durch den Tragwerksplaner ist die Betondeckung an Sichtbetonflächen besonders zu betrachten. Vor allem an Bauteilen mit geringem Korrosionsrisiko, wie z. B. Innenwände, werden normativ nur sehr geringe Betondeckungen gefordert, die nach der Ausführung zu einer störenden Abzeichnung der Bewehrung an den Sichtbetonflächen führen können. Wandbauteile mit hochbauüblichen Dicken (< 30 cm) werden bei normalem Bewehrungsgrad meist mit einem Größtkorndurchmesser von 16 mm betoniert. Damit der frische Beton ungehindert zwischen der Schalungshautoberfläche und der nächstliegenden Bewehrungslage einfließen kann, sollte die Betondeckung etwa dem doppelten Größtkorndurchmesser entsprechen.

An bewitterten Außenflächen sollte die normativ geforderte Betondeckung an Sichtbetonflächen zur Erhöhung der Korrosionsbeständigkeit planmäßig mit einem Sicherheitszuschlag von 0,5 bis 1,0 cm versehen werden. Bei Oberflächengestaltungen, deren Herstellung einen deutlichen Substanzverlust an der Betonfläche bedingen (Stocken, Strahlen, Waschen, Säuern) ist die Wirktiefe des jeweiligen Verfahrens abzuschätzen und der nominalen Betondeckung ebenfalls hinzu zu rechnen. Sichtbetonflächen prägen den architektonischen Charakter des Gebäudes wie kaum ein anderes Merkmal und können derzeit nicht material- und bauartidentisch instand gesetzt werden. Die übliche Betoninstandsetzung endet mit einer Kunststoffbeschichtung, der durch Korrosion schadhaft gewordenen Sichtbetonflächen und bedeutet für das Gebäude meist den Verlust seines Hauptgestaltungsmerkmals.

1.7 Nachbesserung

Der Planer sollte die Ausführung von Nachbesserungsarbeiten streng an seine formelle Genehmigung binden. Nach geltendem Baurecht hat der Ausführende das Recht und die Pflicht einen durch ihn oder durch den Bauherrn bzw. den Planer festgestellten Schaden oder Mangel nachzubessern. Herstellungsbedingte Mängel an Sichtbetonflächen werden im Allgemeinen durch ein von den vertraglichen Vorgaben abweichendes Aussehen begründet. Über Art und Intensität einer Nachbesserung oder Reparatur sollte jedoch vor der Ausführung der Instandsetzung zwischen Planung und Ausführung Übereinstimmung bestehen.

Der überwiegende Teil möglicher Abweichungen an Sichtbetonflächen ist nur durch entsprechend geschultes Personal oder durch betonkosmetische Fachbetriebe nachbesserbar („Wolken“, Flächenversätze, Verfärbungen an undichten Schalungshautstößen, Hell-/ Dunkel-Fleckigkeit, u. Ä.). Einige Abweichungen, hierzu gehören vor allem Farbtonabweichungen, treten oft nach einigen Monaten, manchmal allerdings auch erst nach Jahren, in den Hintergrund oder verschwinden ganz.

Grundsätzlich ist zwischen der technischen Instandsetzung eines Stahlbetonbauteils und der kosmetischen Anpassung des Aussehens abweichender Ansichtsflächen zu unterscheiden. Technische Fehlstellen wie tiefe Kiesnester, Ab- oder Ausbrüche an Kanten o. Ä. erfordern zunächst eine sachkundige Beurteilung. Hierbei sind die

Dauerhaftigkeitsprinzipien des Stahlbetonbaus hinsichtlich des Korrosionsschutzes der Bewehrung und eines monolithischen Betongefüges zu beachten und zu erfüllen. Oftmals reicht das Verschließen der Fehlstellen mit einem durch den Hersteller für diesen Einsatz als tauglich erklärten Reparaturmörtel.

Alle Maßnahmen der kosmetischen Anpassung des Aussehens einer Betonfläche sind lediglich gestalterisch motiviert und werden definitionsgemäß auf der Oberfläche eines technisch intakten Betonbauteils angeordnet bzw. ausgeführt. Zwar ist auch an die kosmetische Bearbeitung einer Betonoberfläche die Forderung einer möglichst großen Dauerhaftigkeit in den jeweiligen Umgebungsbedingungen zu stellen, diese kann aber nicht mit der normativen Dauerhaftigkeitserwartung an das jeweilige Betonbauteil gleichgesetzt werden: kosmetische Maßnahmen sind auf einem technisch intakten Betonbauteil im Grunde beliebig oft wiederhol- und veränderbar wie etwa ein gestaltender Anstrich. Auch die Verbesserung der technischen Dauerhaftigkeit des Betonbauteils kann von einer teilweisen oder vollflächigen kosmetischen Bearbeitung einer Sichtbetonfläche zunächst nicht erwartet werden, auch wenn Praxisbeispiele belegen, dass z. B. Lasuren einen deutlichen schützenden und konservierenden Effekt haben, da alle schädlichen und korrosiven Transportmechanischen in das Porengefüge des Betons hinein deutlich verringert werden.

Die Reparatur mechanischer Schäden, wie z. B. Kantenabbrüche, kann an Erprobungsflächen geübt werden, indem man derartige Schäden bewusst herstellt und unterschiedliche Instandsetzungsverfahren und -materialien erprobt. Bei der Entwicklung einer Instandsetzungsmethode ist u. a. zu entscheiden, ob mit handelsüblichen vorkonfektionierten Reparaturmörteln gearbeitet werden soll, oder ob eine farbliche Angleichung der Instandsetzung nur durch Reparatursysteme möglich ist, die an der Baustelle aus den Hauptausgangsstoffen des Betons hergestellt werden. Die Ergebnisse dieser Versuche sollten nach gemeinsamer Festlegung des endgültigen Vorgehens in eine Arbeitsanweisung münden.

Bei Abweichungen, deren Ursache nicht unmittelbar erkennbar ist, ist es wichtig, die Gründe der Abweichung rasch zu analysieren und im weiteren Vorgehen abzustellen. Die Nachbesserung ist im Allgemeinen nicht dringend und sollte immer planvoll und mit der nötigen fachlichen Sorgfalt vorbereitet und angegangen werden (siehe auch Kapitel 5).

In den letzten Jahren haben sich am Markt einige Fachbetriebe etabliert, die betonkosmetische Bearbeitungen in einer völlig neuen Qualität anbieten. Durch diese Nachbesserungsmöglichkeiten gibt es nur noch wenige Abweichungen oder gar Mängel an Sichtbetonflächen, denen nicht abgeholfen werden kann.

Mit der althergebrachten Spachtelkosmetik aus betrieblichen Bordmitteln, wie sie ausführende Firmen leisten können (wenn es denn entsprechend erfahrene oder begabte Mitarbeiter gibt), hat diese Art der Sichtbetonkosmetik jedoch nichts zu tun. Solch grobe Maßnahmen bieten den aktuellen Qualitätsansprüchen des Bauherrn und des Architekten wenig Befriedigung und können nur als Teilleistung oder als Vorarbeit Einsatz finden.

Mit einer qualifizierten, durch einen Fachbetrieb ausgeführten Flächenkosmetik werden zwar die Möglichkeiten der Nachbesserung von Sichtbetonflächen erheblich erweitert, aber diese Nachbesserung kann im Einzelfall auch zu einem kostenintensiven Gewerk werden, das auf möglichst geringe Teilflächen beschränkt bleiben sollte. Der Begriff „Nachbesserung" suggeriert im Wortsinn eine qualitätsergänzende Leistung, also einen eher kleinen Aufwertungsschritt, dessen Aufwand im Vergleich zur Grundleistung als geringfügig erwartet wird. Dem ist bei der praktischen Anwendung einer qualifizierten Betonkosmetik aber meist nicht so: die Herstellung einer Fläche der Sichtbetonklasse SB3 auf einer sehr abweichenden Ausgangsfläche kann sehr aufwendig sein und hat folglich ihren Preis.

Deshalb sollte immer versucht werden, den Erfolg, die Zufriedenheit und die Kosten möglichst fair über die Beteiligten zu verteilen. Oft besteht der Bauherr auf eine qualifizierte Nachbesserung, da letztlich nur so eine Vertragserfüllung zu erreichen ist, und sieht die Kostenlast allein beim Ausführenden. Hierbei wird jedoch übersehen, dass der Bauherr mit der eigentlich kosmetisch motivierten Bearbeitung auch technische Oberflächeneigenschaften erhält, die im Allgemeinen deutlich hochwertiger sind, als die im Ursprung vertraglich vereinbarte Beschaffenheit. Gereinigte und lasierte Flächen erscheinen z. B. hochwertiger als nicht lasierte und sind dauerhaft geschützt und konserviert gegen viele Alterungsprozesse (Verschmutzung, Besiedlung mit Algen und Moosen, Oberflächenabträge durch Regen und Frost). Dies legt fairerweise eine Beteiligung des Bauherrn an den Kosten der Maßnahmen nahe.

1.8 Ausführungsqualität und Baustellensteuerung

1.8 Ausführungsqualität und Baustellensteuerung

An die Planung, Ausschreibung und Vergabe einer Bauleistung schließt sich als Folgeleistung meist die Projektbauleitung entsprechend der Leistungsphase 8 der HOAI an. Bei der Leitung der Baustelle ergibt sich die Zusammenarbeit mit dem Ausführenden meist nach den persönlichen und den betrieblichen Arbeitsweisen der beteiligten Personen und nach den anstehenden und laufenden Arbeiten und Prozessen. Die Koordination, Organisation und Kommunikation zur Leitung und Steuerung der baulichen Abläufe ist in Deutschland üblicherweise kaum vertraglich vorstrukturiert.

Die Gestaltung des Bauvertrags bietet dem Planer jedoch eine Reihe von Möglichkeiten, die Leitung der Baustelle und die entstehende Qualität durch vertragliche Forderungen und Routinen zu steuern und abzusichern, ohne den Verantwortungsbereich des Ausführenden im Sinne der *Ziel-Weg*-Trennung (vergl. Kapitel 1.2) zu verletzen. Dies kann die Leitung der Baustelle erheblich ordnen und erleichtern. Die Baustellensteuerung und die Absicherung der Ausführungsqualität hängen eng zusammen, die Mittel und Maßnahmen zum Erreichen dieser Ziele sind weitgehend die gleichen und können in der vertraglichen Vorbereitung als sogenannte *Ausführungsbedingungen* zusammengefasst werden.

Bereits bei der Preisbildung muss für den Bieter erkennbar sein, wie sich diese *Ausführungsbedingungen* auf das baubetriebliche Vorgehen auswirken; Aufwand und Kosten müssen abschätzbar sein. Dies kann z. B. bedeuten, dass der Ausführende seinen Personaleinsatz nicht nach den eigenen betrieblichen Gepflogenheiten und in der Absicht geringsten Aufwands steuern kann, sondern entsprechende vertragliche Vorgaben des Bauvertrags, also des Planers, beachten muss.

Ausführungsqualität

Die Ausführungsqualität ist unmittelbar von den handelnden Personen abhängig, also vom technischen Personal des ausführenden Unternehmens. Hierzu gehören in der Regel der Bauleiter, das Aufsichtspersonal und die gewerblichen Arbeitnehmer in den Kolonnen.

Erfahrungen aus der Praxis belegen, dass vor allem die Qualifikation und Erfahrung sowie das persönliche Engagement der verantwortlichen Aufsichtskräfte entscheidend sind für das Arbeitsergebnis. Allerdings ist es wichtig, dass die maßgebenden Aufsichtskräfte unmittelbar für die Qualität verantwortlich sind, also einen direkten Zusammenhang zwischen ihrem baubetrieblichen Handeln und den Ergebnissen erkennen können. Dies ist z. B. bei der häufig zu beobachtenden Fragmentierung von Bauaufgaben durch die Weitervergabe von Teilleistungen an Nachunternehmer nicht mehr gegeben – meist mit erkennbaren Qualitätsverlusten in den Arbeitsergebnissen.

Neben der Aufsicht wirkt sich auch die Anzahl des Personals in den Arbeitskolonnen, seine Konstanz, Verfügbarkeit und Disposition, auf das Arbeitsergebnis aus. Aus diesen Erkenntnissen ergeben sich die folgenden Forderungen und Maßnahmen:

1. Die Weitergabe von Teilleistungen an Nachunternehmer sollte vertraglich ausgeschlossen oder zustimmungspflichtig beschränkt werden.
2. Die Qualifikation der technischen Bauleitung, der Aufsichtskräfte und der gewerblichen Arbeitnehmer sowie ihre Anwesenheit und Fluktuation während der Sichtbetonarbeiten sollten geregelt sein, da dies entscheidende Faktoren für die entstehende Qualität und für die Möglichkeit praktischer Einflussnahme durch die Bauleitung des Planers sind.

Bild 1.49: Nachbesserung durch einen betonkosmetischen Fachbetrieb – Zustand vorher (Bild: Betonretusche)

Bild 1.50: Nachbesserung durch einen betonkosmetischen Fachbetrieb – Zustand nachher (Bild: Betonretusche)

Baustellensteuerung

Voraussetzung für eine organisierte und geordnete Steuerung der Baustelle durch den bauleitenden Planer ist eine geregelte, intensive Kommunikation mit den Ausführenden. Hierzu sollte ein möglichst einfaches und klares Netzwerk von Informations-, Anmelde- und Freigaberoutinen für einzelne Leistungsschritte (Einschalen/Bewehren/Betonieren/Ausschalen/Nachbehandlung/Schutz) eingeführt werden.

Die Abfolge der Arbeits- und Leistungsschritte auf der Baustelle bestimmt der Ausführende nach seinen baubetrieblichen Erfordernissen. Daher kann die Bauleitung des Planers nur ausreichend über die laufenden und die geplanten Abläufe im Bilde sein, wenn sie durch den Ausführenden entsprechend informiert wird. Um dies im gewünschten Umfang zu gewährleisten, sollte dem Ausführenden eine vertragliche Informationsroutine auferlegt werden. Die Inhalte und die Intensität des Informationsflusses können den jeweiligen Erfordernissen angepasst werden.

Darüber hinaus ist es vorteilhaft, die Fortsetzung der Arbeiten an qualitätskritischen Übergängen zwischen zwei Arbeitsgängen an die Abnahme des IST-Zustands zu binden. Der bauleitende Planer kann im Einzelfall entscheiden, ob er vor seiner Zustimmung zur Fortsetzung der Arbeiten den IST-Zustand prüfen möchte oder nicht. Die Möglichkeit der Prüfung fördert beim ausführenden Personal das Qualitätsbewusstsein für die eigene Leistung.

Vertragliche Informationsroutinen aus Anmeldung und Freigabe sollten jedoch sinnvoll und praxisgerecht auf qualitätsrelevante Arbeiten zur Herstellung von Betonbauteilen beschränkt und möglichst unkompliziert gestaltet sein. Hierbei können alle Möglichkeiten der aktuellen Informationstechnologie genutzt werden.

Da sich die für die Informations- und Freigaberoutinen des Bauablaufs gewählten Kommunikationswege auch zur Prüfung der Disposition des technischen Personals des Ausführenden anhand von Aufsichts- und Anwesenheitsplänen eignen, verbinden sich hier die Ziele der Qualitätssicherung und der Baustellensteuerung.

In konkreten Einzelsituationen fehlt dem Planer oft die nötige vertragliche Autorität, um ein offensichtlich qualitätswidriges oder sachfremdes baubetriebliches Vorgehen von Einzelpersonen oder Teilen des Ausführungspersonals sofort und wirksam anzuhalten und nachhaltig abzustellen. Diese Handlungsschwäche gilt grundsätzlich auch dann, wenn dem Planer die Bauleitungsaufgaben durch den Bauherrn vertraglich übertragen wurden. Zwar hat der bauleitende Planer so eine gewisse Vertreterwirkung, er tritt aber nicht automatisch in das gleiche Vertragsverhältnis mit dem Ausführenden wie der Bauherr und hat insbesondere gegenüber dem Personal des Ausführenden keine Weisungsbefugnis.

Zusammenfassung der Maßnahmen
Die möglichen Maßnahmen zur Steuerung der Baustelle und zur Absicherung der Ausführungsqualität lassen sich über die folgenden Forderungen vertraglich formulieren:

1. Beschränkung der Vergabe von Teilleistungen an Nachunternehmer
2. Qualifikation und Personalstärke der technischen Bauleitung
3. Qualifikation, Erfahrung und Anzahl der Aufsichtskräfte in jeder Kolonne
4. Anzahl und Personalstärke der Schalungs-, der Bewehrungs- und der Betonierkolonnen
5. Anwesenheit eines technischen Vertreters der Bauleitung mindestens eine Stunde vor Beginn bis zum Ende (maßgeblicher) Betonierarbeiten
6. Anwesenheit der Kolonnenaufsicht bei allen Arbeiten an Schalung, Bewehrung und Betonierarbeiten, inklusive Vor- und Nacharbeiten
7. Festlegung der Kommunikationswege und der Ansprechpartner in der Bauleitung des Bauunternehmens und innerhalb des Aufsichtspersonals sowie einer

Informationsroutine über die Arbeitsplanung, den Einsatz- und die Anwesenheit der technischen Bauleitung, der Aufsichtskräfte und der Kolonnen

Diese Maßnahmen erscheinen als vertragliche Forderungen bei üblichen Betonarbeiten im Hochbau anspruchsvoll. Tatsächlich ist es auch bei Sichtbetonarbeiten in der Praxis nur selten sinnvoll, alle der genannten Maßnahmen vertraglich festzusetzen. In ausgewählter, jeweils angepasster Kombination eignen sie sich jedoch auch zur Steuerung kleinerer Hochbauprojekte. Insbesondere die Forderungen zur Anwesenheit des Aufsichtspersonals sollten aber immer in Betracht gezogen werden, da an vielen Hochbaustellen meist keine Vollzeitbauleitung und bei intensivem Nachunternehmereinsatz auch keine Vollzeitaufsicht der vertraglich hauptverantwortlichen Bauunternehmung anwesend ist.

Installation in den Bauvertrag

Die Maßnahmen zur Qualitätssicherung und zur Baustellensteuerung sind Ausführungsbedingungen, die nicht über das Leistungsverzeichnis in den Bauvertrag aufgenommen werden können. Häufig werden Ausführungsbedingungen in den sogenannten Vorbemerkungen zur Ausschreibung oder zum Bauvertrag aufgeführt. Die Vorbemerkungen dienen jedoch allein zur Erläuterung einzelner Leistungsteile und nicht zur Formulierung vertraglicher Forderungen, da die rechtliche Wirksamkeit von Vorbemerkungen nicht immer klar ist. Aus diesem Grunde müssen weitere Vertragsteile eingeführt werden. Hierzu ist es günstig, das bestehende Muster des VOB-Vertrags aufzugreifen. Der Aufbau eines Bauvertrags in Anlehnung an die Vertragsstruktur der VOB eignet sich gut zur übersichtlichen Gestaltung vertraglicher Regelungen, unabhängig davon, ob die VOB gelten soll oder nicht. Ein üblicher Bauvertrag nach VOB kann aus folgenden Elementen bestehen (siehe VOB, Teil B, § 1, (2)) [1.10]:

a) der Leistungsbeschreibung
b) den Besonderen Vertragsbedingungen
c) etwaigen Zusätzlichen Vertragsbedingungen
d) etwaigen Zusätzlichen Technischen Vertragsbedingungen
e) den Allgemeinen Technischen Vertragsbedingungen für Bauleistungen
f) den Allgemeinen Vertragsbedingungen für die Ausführung von Bauleistungen

Die Leistungsbeschreibung (Leistungsverzeichnis, LV) ist bei einem Leistungsbauvertrag immer zu erstellen. Die unter e) und f) aufgeführten *Allgemeinen Technischen Vertragsbedingungen für Bauleistungen* (*ATV, hier DIN 18331* [1.12]) und *Allgemeinen Vertragsbedingungen für die Ausführung von Bauleistungen* (*DIN 18299* [1.11]) enthalten die Normen der VOB C. Die anderen Vertragsteile gibt es in Bauverträgen für Betonarbeiten im Hochbau nur selten, da die öffentlichen Auftraggeber hierzu im Allgemeinen keine vorgegebenen Regeltexte haben.

Grundsätzlich kann jede der unter b) bis d) aufgeführten Vertragsteile aktiviert und mit entsprechenden vertraglichen Forderungen gefüllt werden, sofern dies hilfreich, angemessen oder erforderlich erscheint. Diese Möglichkeiten sind vor allem bei der Planung von Sichtbetonarbeiten höherer architektonischer Qualität und Bedeutung interessant.

Die Forderungen zur Baustellensteuerung, so auch zur bereits angesprochenen Personalqualifikation und -struktur, können z. B. in den unter b) aufgeführten *Besonderen Vertragsbedingungen* aufgeführt werden.

Die Einführung dieser Regelungen in einem gesonderten Vertragsteil sichert die rechtliche Wirksamkeit und sorgt für Beachtung. Da derartige vertragliche Forderungen selten sind, würden sie in den Vorbemerkungen oder in anderen begleitenden Texten in ihrer Wirksamkeit für die Kalkulation der Angebotssumme möglicherweise nicht erkannt.

1.9 Bemessung der Bauzeit

Die Einführung *Besonderer Vertragsbedingungen* zur Unterstützung der Bauleitungsaufgaben des Planers und zur Absicherung der Ausführungsqualität zeigt auch über die unmittelbaren Steuerungseffekte hinaus positive Wirkung. Sie signalisieren den Bietern bereits in der Ausschreibungsphase, dass die Vorbereitung und die spätere Leitung der Projektarbeiten mit besonderer Sorgfalt und einem hohen Qualitätsbewusstsein geführt werden. Darüber hinaus ist der Bauvertrag auf diese Weise mit einer Reihe vergüteter Organisationsleistungen zur Unterstützung der Qualität ausgestattet, die von der Projektbauleitung des Planers nach Erfordernis für das Gelingen der Bauaufgabe eingesetzt werden können.

Vertragliche Regeln zur Qualitätsüberwachung und Baustellensteuerung können bei den Bietern in der Angebotsphase Verunsicherung auslösen. Die zunächst scharf wirkenden Forderungen relativieren sich jedoch rasch, wenn erkannt wird, dass die entstehenden Aufwände vergütet werden. Im Bauablauf sind sie auch für den Ausführenden hilfreich, da sie zu geordnetem Vorgehen zwingen und die Mehrfachdisposition technischen Personals weitgehend unterbinden und damit entlastend wirken.

Die praktische Umsetzung der genannten Regelungen verlangt vom Planer jedoch eine offene und verantwortliche Haltung gegenüber den Belangen des Ausführenden. Die Akzeptanz dieser Maßnahmen durch den Ausführenden führt in der täglichen Baustellenpraxis über die Erkenntnis, dass es sich um fair gelebte Vereinbarungen handelt, die letztlich den Erfolg aller Beteiligten unterstützen.

1.9 Bemessung der Bauzeit

Ein großer Teil vermeidbarer Schwierigkeiten bei der Abwicklung von Sichtbetonarbeiten ergibt sich durch eine bereits in der Planung zu kurz angesetzte Bauzeit. Je nach Termindruck durch den Bauherrn verstärkt sich bis zur Vergabe oft die Tendenz, die Bauzeit immer weiter zu verkürzen. Das verständliche Interesse des Bauherrn, sein Bauwerk möglichst frühzeitig zu nutzen, trifft oft auf die Bereitschaft der Bieter, zur Auftragserlangung bei der Bauzeitbemessung an die Grenzen des Machbaren zu gehen oder darüber hinaus.

Der bauleitende Planer sieht die Verantwortung für die fristgerechte Fertigstellung der Sichtbetonarbeiten vor allem beim Ausführenden und unterschätzt meist die ihm im Rahmen seines Bauleitungsauftrags entstehenden Probleme durch eine zu kurz bemessene Bauzeit.

Die Erfahrung zeigt, dass Sichtbetonarbeiten, die unter starkem Termindruck abgewickelt werden, meist in einer belasteten Atmosphäre zwischen den Beteiligten und nahezu immer in minderer Ausführungsqualität entstehen. Eine ausreichend bemessene Bauzeit ist stets die Grundlage für die erfolgreiche Abwicklung von Sichtbetonarbeiten.

Architekten, die sich im Wesentlichen auf gestalterische Aspekte konzentrieren, übergeben die technische Planung der Betonarbeiten im Allgemeinen dem Tragwerks-

Bild 1.51: Sichtbetonwände in einem Weinbaubetrieb (Bild: Erbring)

planer, der meist auch die erforderliche Bauzeit abschätzt. Diese Grobschätzung sollte aber vor der endgültigen Weitergabe an den Bauherrn einer internen Prüfung unterzogen werden. Hierbei sollte die endgültige Einschätzung der erforderlichen Bauzeit im Einvernehmen mit allen Beteiligten auf Seiten der Planung erfolgen. Zu diesen gehören der hauptverantwortliche Architekt, der Tragwerksplaner und alle Personen, die Bauleitungsaufgaben übernehmen sollen. Bei Abschätzung der Bauzeit von Betonarbeiten sollten folgende Faktoren besonders berücksichtigt werden:

- Die Ausführungszeiten von Leistungsabschnitten, die in ihrer baubetrieblichen Umsetzung unbekannt oder unklar sind, können erst nach der Klärung mit einer externen Fachberatung abgeschätzt werden.

- Fällt die Ausführung planmäßig zum größten Teil in Wintermonate oder geht sie über eine ganze Kaltsaison (Oktober bis April), so sollten die Erstellungszeiten für die betroffenen Bauabschnitte mit einem Zuschlag von etwa 15 bis 30 % versehen werden. Niedrigere Zuschläge können für kompakte und massigere Bauteile wie Fundamente o. Ä., oder für Baustellen in grundsätzlich wärmeren Landesteilen gelten. Bauteile mit kleinteiliger oder filigraner Geometrie (Wände, Deckenplatten und Stützen geringer Dicke, Konsolen) und Baustellen in kälteren Lagen erfordern höhere Zuschläge, im Zweifelsfall auch oberhalb des angegebenen Bereichs.

- Betonbauteile mit besonderer Schwierigkeit sind mit entsprechend längeren Bauzeiten zu bemessen.

- An Betonbauteilen mit Sichtbetonflächen der Sichtbetonklassen SB3 sind die Bauzeiten in jedem Fall mit einem Zuschlag von mindestens 20 % zu berechnen, bei Forderung der Sichtbetonklasse SB4 oder bei besonderen Flächenmerkmalen kann je nach Schwierigkeitsgrad auch eine Verdoppelung der üblichen Herstellzeiten erforderlich werden. Hierbei ist zusätzlich zu beachten, dass die Ausführung von glatten Sichtbetonflächen der Klassen SB3 und SB4 möglichst nicht bei Außentemperaturen unter 10 °C erfolgen sollte, da bei diesen Temperaturverhältnissen ein deutlicher Qualitätsabfall zu verzeichnen ist. Dies gilt auch für Sichtbetonflächen an Untersichten von Decken.

Bild 1.52: Gestockte Flächen in einem Hochschulgebäude

Bild 1.53: Sichtbeton in einem Schulgebäude während der Bauzeit

2 Ausführung von Sichtbetonflächen

2.1 Sichtbeton und Baubetrieb

Im Folgenden sollen wichtige Schritte der Arbeitsvorbereitung und die damit verbundenen Ausführungsabläufe an einer Bauaufgabe zur Herstellung hochwertiger Sichtbetonflächen entwickelt und vertieft werden. Hierzu sollen die einzelnen Maßnahmen im derzeitigen Stand der Technik und der Erkenntnisse aus Forschung und Entwicklung vor dem Hintergrund vorhandener Regelwerke diskutiert werden. In den nachfolgen Kapiteln zur Ausführung wird an geeigneter Stelle auch auf Textinhalte im Kapitel 1 *Planung* verwiesen, sofern diese für die jeweiligen Aktivitäten des Ausführenden informativ oder hilfreich sind.

Eine fachgerechte Planung vorausgesetzt, ist es letztlich Aufgabe des Ausführenden, die Vorgaben der Planung in baubetriebliche Praxis umzusetzen und die geforderten Flächenmerkmale herzustellen. Hierbei sollen die nachstehenden Ausführungen hilfreiche Unterstützung leisten.

2.1.1 Ortbeton

Obwohl Sichtbetonflächen an Fertigteilen in den zurückliegenden Jahren mit zunehmender Häufigkeit eingesetzt werden, sind die überwiegenden Ausführungen bis auf weiteres sicherlich Ortbetonbauteile. Vor allem die Herstellung glatter, mit schwach bzw. nicht saugender Schalungshaut hergestellter Ortbetonflächen reagiert meist empfindlich gegen eine ungünstige Konstellation der maßgeblichen baubetrieblichen Einflüsse. Dies erklärt die häufige Beobachtung, dass an Bauvorhaben ohne Sichtbetonanforderungen bisweilen quasi „zufällig" sehr gute und robuste Flächenqualitäten entstehen, während Flächen, die mit großer Sorgfalt und hohem Aufwand in eine bestimmte Sichtbetonqualität hineingesteuert werden sollen, misslingen oder stets eine mangelhafte Tendenz aufweisen können. Auch spontane „Qualitätsausreißer" innerhalb einer Reihe gelungener Bauteile geben oft Hinweis auf die Instabilität eines oder mehrerer Einflussfaktoren aus dem baubetrieblichen Vorgehen. Wenn zusätzlich zu den üblichen, meist hohen Zielqualitäten z. B. noch Einfärbungen des Betons hinzukommen, erhöht sich der Sorgfaltsanspruch an alle baubetrieblichen Verfahren erheblich: Aufbau und Vorbereitung von Schalung und Schalungshaut, Bewehren, Mischen, Fördern und Einbauen des Betons haben unter besonderen Sorgfalts- und Sauberkeitskriterien zu erfolgen. Nachfolgend sind zudem erheblich höhere Anforderungen an den Schutz der fertigen Flächen zu stellen. Im Gegensatz dazu kann bei besonderen Oberflächenausprägungen wie einer steinmetzmäßigen Bearbeitung und Sandstrahlen auf einige Einzelkriterien der jeweiligen Sichtbetonklasse verzichtet werden, wobei andere umso wichtiger werden.

Zunächst unterscheidet sich die technische Ausführungsplanung zur Herstellung eines Sichtbetonbetonbauteils in Ortbetonbauweise prinzipiell nur wenig von den Vorbereitungen zur Herstellung eines konstruktiven Betonbauteils ohne Anforderungen an das Aussehen der Flächen. Die Arbeitsvorbereitung umfasst stets die folgenden Schritte:

1. Auswahl und Erstellung einer geeigneten Schalung
2. Vorbereitung und Einbau der Bewehrung
3. Auswahl eines Betons mit den festgelegten Festbetoneigeneigenschaften
4. Auswahl eines geeigneten Förder-, Einbau- und Verdichtungsverfahrens
5. Bestimmung und Bestellung der hierzu nötigen Frischbetoneigenschaften

Die unter den o. g. Punkten 1. bis 5. aufgeführten Elemente der baubetrieblichen Arbeitsplanung zur Herstellung von Betonbauteilen sind bei hinzukommenden Sichtbetonanforderungen zu präzisieren und zu ergänzen.

Da bei der Herstellung von Sichtbetonflächen die entstehende Qualität vor allem von den handelnden Personen abhängt, kommt der Auswahl und der Planung des Personals besondere Bedeutung zu. Die Vorhaltung und Bereitstellung von Personal mit entsprechender Fachkenntnis, Erfah-

Bild 2.01: Betonierarbeiten an einem größeren Deckenbauteil

rung und Eignung erscheint in diesem Zusammenhang obligatorisch und voraussetzbar und erhält bei der Arbeitsvorbereitung meist keine besondere Beachtung. Die Erfahrung zeigt jedoch, dass eine ausreichende Personalqualifikation im Allgemeinen nicht vorausgesetzt werden kann, sondern zu planen und zu organisieren ist. Dies gilt vor allem dann, wenn einzelne oder ein großer Teil der unter den Punkten 1. bis 5. genannten Teilleistungen an Nachunternehmer vergeben werden sollen, die sich üblicherweise vor allem durch einen attraktiven Preis qualifiziert haben und deren Personalausstattung und -einsatz nicht bekannt und steuerbar sind. Wenn maßgebende Gewerke der Herstellung von Bauteilen mit Sichtbetonflächen wie die Schalungs- und Bewehrungsarbeiten oder der Betoneinbau an Nachunternehmer vergeben werden, sind nahezu immer Einschränkungen der baubetrieblichen Organisation und Steuerbarkeit zu erwarten, die erhebliche Beeinträchtigungen der Flächenqualität mit sich bringen können. Dem kann meist nur durch verstärkte Aufsichtsleistungen entgegengewirkt werden, die zusätzlichen Personaleinsatz erfordern und die qualitative Leistungseinschränkung dennoch oft nicht kompensieren können. Vor diesem Hintergrund relativiert sich meist der wirtschaftliche Sinn eines Nachunternehmereinsatzes.

Die unter den o. g. Punkten 1. bis 5. aufgeführten Elemente der baubetrieblichen Arbeitsplanung zur Herstellung von Betonbauteilen sind bei hinzukommenden Sichtbetonanforderungen zu präzisieren und zu ergänzen.

2.1.2 Sichtbetonflächen an Fertigteilen

Sichtbetonflächen an Stahlbetonfertigteilen ermöglichen wesentlich mehr Gestaltungsarten als Flächen an Ortbetonbauteilen. Die baubetrieblichen Aspekte der Herstellung der Fertigteile – auch der Verfahren zur Herstellung des geforderten Aussehens der Flächen, obliegen dem jeweiligen Fertigteilhersteller. Die bereits im Kapitel 1.4 angesprochenen *FDB-Merkblätter Nr. 1* [1.15] und *Nr. 8* [1.16] sind hilfreiche Ratgeber für die Besonderheiten der Ausführung von Sichtbetonflächen an Betonfertigteilen.

Das Bauen mit Fertigteilen erfordert stets baubetriebliche Abstimmungen mit dem Fertigteilhersteller. Die meisten Hersteller architektonischer Fertigteile bieten im Zuge einer Auftragsabwicklung umfangreiche

Bild 2.02: Fertigteilfassade, Flächen gestrahlt (Bild: Schemm)

Bild 2.03: Sichtbetonfassade aus Stahlbetonfertigteilen (Bild: LRO Lederer Ragnarsdóttir Oei, Stuttgart)

Unterstützung bei der Arbeitsvorbereitung und bei der baubetrieblichen Abwicklung an. Auf technischer Seite sind vor allem die Einbauart unter den örtlichen Gegebenheiten und die Abstimmung von Abmessungstoleranzen zwischen Ortbetonkonstruktion und Fertigteilen wichtig. Auch die Maßnahmen zum Erhalt der Sichtbetonqualität über den Transport und den Versatz der Teile sind gemeinsam festzulegen und abzustimmen.

2.1.3 Nachträgliche mechanische Bearbeitung

Eine nachträgliche mechanische Bearbeitung von Betonflächen (z. B. „Stocken" oder „Scharrieren") erfordert für ein abweichungsfreies Aussehen der fertigen Flächen bestimmte Ausgangseigenschaften am unbearbeiteten Bauteil. Für ein unauffälliges Flächenbild in einer bearbeiteten Fläche sind vor allem die Ebenheit der unbearbeiteten Fläche und die Dichtigkeit der Schalung maßgebend.

Wenn an einer Schalungshautfuge aufgrund schlechter Abdichtung Wasser oder Mörtel austritt, kann sich entlang der Fuge ein dunkel verfärbter Bereich bilden, der, je nach Ausprägung, einige Millimeter oder auch Zentimeter in das tiefere Betongefüge hineinreicht und deshalb auch nach einer steinmetzmäßigen Überarbeitung deutlich erkennbar bleibt.

Seitens der Tragwerksplanung muss an steinmetzmäßig bearbeiteten Flächen ein Zuschlag zur Betondeckung vorgesehen werden. Die Verfahren Stocken und Scharrieren erfordern einen Zuschlag von 5 bis 10 mm, sollen die Flächen gespitzt werden, so muss mit einem Materialabtrag von bis zu 30 mm gerechnet werden.

Beim Stocken und Spitzen kann nicht bis an die Bauteilkanten heran gearbeitet werden, da die Kanten sonst unkontrolliert brechen würden. Die Bearbeitung wird bei diesem Verfahren einige Zentimeter vor den Bauteilkanten abgesetzt.

Werden die Flächen gestockt, so werden die Kantenbereiche beidseitig auf eine Breite von ca. 2 bis 4 cm scharriert. Hierbei kann mit elektrischen oder mit pressluftbetriebenen Hämmern gearbeitet werden. Allerdings verlangt die Kantenbearbeitung eine erhöhte Sorgfalt, was die Stundenleistung gegenüber dem Scharrieren einer Fläche erheblich herabsetzt.

Wenn die Flächen gespitzt werden, müssen die Kantenbereiche in Handarbeit mit sogenannten Einsprengmeißeln bearbeitet werden. Der Einsatz mechanischer Hämmer ist in diesem Fall nicht möglich.

Die steinmetzmäßige Bearbeitung scharfer, ungebrochener Bauteilkanten stellt keine besondere Erschwernis dar. Für Kanten gilt das Gleiche wie für Schalungshautfugen in der Fläche: Auch in diesem Fall ist darauf zu achten, dass die Fuge gut abgedichtet wird, da Ausblutungen auch nach einer steinmetzmäßigen Bearbeitung erkennbar bleiben können.

Erprobungen sollten an einer ausreichend großen Betonfläche erfolgen, an der auch die Überarbeitung von Innen- und Außenkanten, Gesimsen, Aussparungen, Einfassungen von Einbauteilen etc. im Versuch geklärt werden kann.

Zum Verfahren des Scharrierens ist es hilfreich, im Beton grobe Gesteinskörnungen mit möglichst geringerer mineralischer Härte zu verwenden. Der Einsatz von quarzhaltigen oder von anderen, mineralisch sehr harten Kiesen kann die Ausprägung und damit die Erkennbarkeit der gewünschten Scharrierstruktur deutlich vermindern.

Wenn Betonflächen mit festen Strahlmitteln („Sandstrahlen“) oder einem Hochdruckwasserstrahl bearbeitet werden sollen, müssen die gewünschten Verfahren unbedingt erprobt werden, um die Realisierung mit der gestalterischen Vorstellung zu vergleichen. Vor allem ist das Vorgehen an Innen- und Außenkanten, Gesimsen, Aussparungen, Einfassungen von Einbauteilen etc. im Versuch zu klären und für die Ausführung festzulegen.

2.1.4 Qualität herstellen und erhalten

Der übliche Baubetrieb einer Rohbaustelle verträgt sich naturgemäß schlecht mit der gleichzeitigen Herstellung und Bewahrung oberflächenfertiger Sichtbetonflächen, da diese Flächen im Projektverlauf sehr früh und in einem äußerst „praxisrauen“ Umfeld entstehen und auf alle Einflüsse des laufenden Rohbaus und des nachfolgenden Ausbaus sehr empfindlich reagieren. Es ist für das Rohbauunternehmen meist eine enorme Herausforderung, diese Flächen allein gegen die baubetrieblichen Gegebenheiten der eigenen Arbeiten und Abläufe und gegen die stets mehr oder weniger gegenwärtigen Einflüsse aus der Witterung zu schützen.

Entsprechende Sorgfalt und Umsicht der am Bauen beteiligten Arbeitskräfte vorausgesetzt, gibt es nach Praxiserkenntnissen drei negative Haupteinflüsse, die sich je nach Bauweise und Herstellungsart auf die Qualität der entstehenden und/oder auf die der vorhandenen Sichtbetonflächen auswirken und in ihrer Wirkung überwiegend unterschätzt werden:

- die Steifigkeit und Dichtigkeit der Schalung,
- der maximale Schutz der Flächen gegen Wasser aller Art und
- den Einfluss niedriger Außentemperaturen auf die Farbtongleichmäßigkeit von glatten Sichtbetonflächen.

Nachfolgend werden zu diesen Punkten einige Erläuterungen gegeben.

2.1.4.1 Steifigkeit und Dichtigkeit der Schalung

Nur eine ausreichend steife Schalung bleibt unter dem einsetzenden Druck des frischen Betons dicht. In den letzten zwanzig Jahren haben sich aufgrund der Entwicklung sehr

Bild 2.04: Fassade Ortbeton, eingefärbt und feingestockt (Bild: Betonbild)

leistungsfähiger verflüssigender Zusatzmittel die mittleren Betonkonsistenzen erheblich fliessfähiger eingestellt als zuvor. Zudem besteht beim Bauen von Sichtbeton stets die Neigung, möglichst fließfähige, da verdichtungswillige Betone einzusetzen. Ein wichtiges Element für eine steife Schalung ist auch die Anzahl und Lage der Ankerstellen durch eine Wandschalung. An Sichtbetonbauteilen richtet sich die Lage und Anzahl der Ankerstellen meist nach den Gestaltungsvorgaben und Vorstellungen des Architekten, und weniger nach den technischen Kriterien des Schalungsbaus.

Es erfordert einige Praxiserfahrung, die Erfordernis zusätzlicher aussteifender und abdichtender Maßnahmen an der Schalung zu erkennen und es bedeutet meist einen zusätzlichen, zunächst nicht kalkulierten Aufwand. Die Nachbesserung von Sichtbetonmängeln einer zu „weichen“ und/ oder undichten Schalung ist erfahrungsgemäß recht aufwendig und fachgerecht nur durch einen qualifizierten Kosmetikbetrieb zu bewältigen. Eine gute Kontrolle der Dichtigkeit einer Schalung ist ein „Lampentest“. Dabei wird eine möglichst starke Lampe in die fertige Schalung abgelassen und von außen optisch geprüft, ob durch die Schalungshautfugen Licht sichtbar wird. Deckenschalungen werden zweckmäßig von oben angestrahlt und von unten kontrolliert. Schalungshautspalte, durch welche Licht erkennbar ist, sollten in jedem Falle weiter abgedichtet werden oder die Schalung in diesem Bereich „nachgespannt“ werden. Lichtdurchlässige Spalte führen beim Betonieren nahezu immer zu Mör-

Bild 2.05: Sichtbetonflächen als Innengestaltung (Bild: BetonBild)

telverlusten, da sie sich mit wachsendem Schalungsdruck weiter öffnen.

Bei Undichtigkeiten zwischen einer Deckenschalung und der Wandkrone einer Sichtbetonwand kann beim Betonieren der Decke dünnflüssiger Mörtel aus dem Deckenbeton austreten und über die Sichtbetonwand laufen. Solche „Mörtelläufer" lassen sich im frischen, flüssigen oder noch plastischen Zustand mit einem einfachen Schwamm und etwas Wasser aufwands- und rückstandslos entfernen. Wenn der ausgetretenen Mörtel auf der vorhandenen Sichtbetonfläche erhärtet, ist er meist nicht mehr schadlos oder rückstandsfrei zu entfernen und hinterlässt auch nach dem Entfernen auffällige Spuren, die einen Flächenmangel darstellen können.

Es empfiehlt sich also, während des Betonierens einer Geschossdecke über Sichtbetonwänden die äußeren Randfugen der Deckenschalung und die darunter liegenden Wandflächen regelmäßig zu prüfen und ggf. sofort zu säubern. Oft können Mörtelläufer mit Schwamm und Wasser auch am nächsten Morgen noch rückstandsfrei entfernt werden.

Hinsichtlich der bei Sichtbetonbauteilen erforderlichen, besonders dichten Ausführung der Schalung liegen die Angaben der DIN 18218 nicht in allen Fällen auf der sicheren Seite und können nur als normative Richtwerte für die Standsicherheit der Schalung während des Betonierprozesses herangezogen werden.

2.1.4.2 Niederschlagswasser

Ein großer Teil der unmittelbar nach der Herstellung entstandenen Flächenqualität verfällt bereits nach kurzer Zeit bei ständigem Kontakt mit stehender Feuchtigkeit oder mit im Bauwerk abfließendem Niederschlagswasser. Es erscheint dem Ausführenden meist unmöglich, die Sichtbetonflächen eines Gebäudes in jeder Bauphase vollständig und wirksam vor dem Kontakt mit Niederschlagswasser zu schützen. Dennoch ist es durchaus möglich und erfordert neben einem geschulten Auge, einiger wasserdichter Planen und anderer Hilfsmittel vor allem ein entsprechendes Schutzkonzept:

- *Vertikale Flächen (Wände, Stützen etc.)*, die im Bauzustand für einige Zeit in der Witterung stehen, werden durch ein Zeltdach aus wasserdichten Planen geschützt. Fixpunkte für die Planen sind im Zeltfirst Dachlatten oder Kanthölzer, die mit Bindedrähten in Wandrichtung an die obersten Enden der aufgehenden Bewehrung angebunden werden und so verhindern, dass die Bewehrung die Planen perforiert und beschädigt. Die seitliche Abspannung erfolgt gegen Gewichte am Boden (Betonwürfel mit einbetonierten Bindeösen) oder gegen kunststoffbeschichtete Metallstäbe (z. B. Rankstäbe für den Gartenbau), die durch die oberste Lage Ankerlöcher geführt werden und beidseitig auskragen. Die Planen werden so verspannt, dass das untere Ende des Zeltdachs unterhalb der Wandkrone endet.

- *Deckenuntersichten* werden bei Regen von unten nach Wasser führenden Rissen abgesucht. Die Risse können bei trockener oder mäßig feuchter Witterung von oben mit Zementleim (w/z ~ 0,40) abgedichtet werden.

- *Deckendurchbrüche* erhalten an den Seiten kleine, temporäre Abdämmungen aus Zementmörtel (h ~ 5 cm) die verhindern, dass Niederschlagswasser von der Deckenoberseite an die Unterseite der Decke gelangt oder in die darunter liegenden Geschosse läuft. Zusätzlich werden die Durchbrüche mit einem regendichten Deckel abgedeckt.

- *Treppen- und Lifttürme* erhalten eine vorgefertigte, regendichte Deckelkonstruktion, die bei Bedarf schnell mit dem Kran aufgesetzt und abgenommen werden kann und aufgehende Bewehrung mit einer seitlichen Folienschürze abdeckt.

Bild 2.06: Temperaturbedingte Dunkelfleckigkeit, Zustand nach dem Ausschalen

Bild 2.07: Wand wie Bild 2.06 nach drei Jahren Nutzung

2.1.4.3 Verfärbungen vermeiden

Bei Temperaturen unter 10 °C neigen manche Betonflächen, die mit einer glatten, nicht oder schwach saugenden Schalungshaut hergestellt wurden, zu partiellen oder flächigen Dunkelverfärbungen. Dunkle Flächen treten typischerweise im unteren Bereich einer Wand auf. Sie können die außenliegende Bewehrung abzeichnen und/oder z. B. an den Einbaulagen des Betons scharf abgegrenzt sein, die dadurch deutlich erkennbar werden. In besonders extremen Fällen treten auch großflächige, sehr dunkle und glasartig glänzende Flächen auf. Der Effekt verstärkt sich mit sinkender Umgebungstemperatur und mit steigenden Ausschalfristen. Die Ursachen dieses Effektes sind prinzipiell bekannt, allerdings lassen sich aus den Erkenntnissen derzeit nur wenige baubetriebliche Gegenmaßnahmen ableiten:

1. Den Innenraum der Schalung, vor allem die Bewehrung, einige Stunden vor dem Betonieren mit Warmluft vorheizen.
2. Den Beton mit einer möglichst hohen Frischbetontemperatur einbauen.
3. Die Schalung des Bauteils während der Erhärtung des Betons mit Winterbaumatten abhängen.
4. Die Sichtbetonflächen möglichst früh ausschalen. Dies ist bei jungen Bauteilen im Winter mit einem erhöhten Risiko von Kantenschäden verbunden, bietet aber vor allem bei geringer Luftfeuchtigkeit gute Chancen, Dunkelfleckigkeiten zu verringern oder zu vermeiden. Oft reicht es, an Wandbauteilen die Schalungsanker zu lösen, die Schraubköpfe ca. 5 bis 10 cm herauszudrehen, die Schalungshaut um etwa 5 cm von der Betonfläche abzurücken und die Situation diesem Zustand für einige weitere „Reifestunden" oder einen Arbeitstag zu belassen. In dieser Zeit sollte der Luftspalt oben mit einer Folie oder Plane

gegen Regen, starken Wind und Sonneneinstrahlung abgedeckt werden.

Dunkel verfärbte Teilflächen können nicht durch Schleifen oder andere Verfahren entfernt werden, da die mineralische Härte in den dunklen Bereichen meist erheblich höher ist, als in den unverfärbten Nachbarbereichen.

Temperaturbedingte Dunkelverfärbungen haben zwar eine gute Nachheilungsprognose, können jedoch zunächst sehr dauerhaft sein und in hartnäckigen Fällen auch erst nach Jahren verblassen.

Der gleiche Effekt führt auch an länger eingeschalten Deckenuntersichten generell zu einer dunkleren Farbtönung.

Neben der temperaturbedingten Dunkelfleckigkeit gibt es das Phänomen bläulicher Verfärbungen, das an Flächen auftreten kann, die mit einer sehr dichten Schalungshaut und mit hüttensandhaltigen Zementen der Arten CEM II/B-S oder CEM III hergestellt wurden. Die Anwesenheit von Hüttensand im Zement ist eine notwendige Voraussetzung für das Entstehen dieser Verfärbungen. Sie können je nach örtlichen Bedingungen nur ein blasses Blau zeigen, oder intensive, fast leuchtende Türkistönungen annehmen. Bei baubetrieblich üblichen Schalungshäuten und Ausschalfristen verblassen diese Verfärbungen bereits wenige Stunden nach dem Ausschalen. Beim Einsatz hochfester, und damit meist sehr dichter Betone, sehr dichter Schalungshäute und übermäßig langer Ausschalfristen können derartige Blauverfärbungen erheblich dauerhafter sein.

Oft können auch gelbliche oder bräunliche Verfärbungen an Sichtbetonflächen auftreten. Flecken oder Verfärbungen dieser Art können unterschiedliche, auch gleichzeitig wirkende Ursachen haben.

An Untersichten treten oft Verfärbungen durch Rost auf, die durch die Bewehrung bzw. deren Verlegung verursacht werden. Zu unterscheiden sind Verfärbungen durch sogenannten Partikelrost, der bei der Verarbeitung von den Bewehrungsstäben abfällt

Bild 2.08: Abtropfrost, partiell, Abzeichnung der Bewehrungsstäbe

Bild 2.09: Abtropfrost, generalisiert, Fließspuren und Lachenbildung erkennbar (Bild: Fiala)

und bis zum Betonieren auf der Schalungshaut verbleibt. Sofern die Rostpartikel nicht durch Feuchtigkeit, feuchte Verschmutzungen (schmutzige Arbeitsschuhe) und/oder ölig bleibende, also nicht ablüftende Trennmittel gebunden werden, können sie sich durch eine Druckluftreinigung weitgehend entfernt werden.

Weit schwieriger zu erkennen und kaum zu entfernen ist der sogenannte Abtropfrost. Hierbei handelt es sich um kleinste Eisenoxidteilchen, die durch von Regenwasser gelöste Eisenpartikel auf der Schalungshaut entstehen. Es bildet sich eine sehr feine, einem Film oder einer Beschichtung ähnliche Rostschicht auf der Schalungshaut, die ihre Entstehung oft durch die im späteren Flächenbild erkennbaren Fließwege oder Lachenbildungen erkennen lässt. Rostverfärbungen beider Art und Ursache sind an Deckenuntersichten nur durch den Einsatz rostfreier (verzinkter) Bewehrung vermeidbar [1.14], können jedoch nach dem im Kapitel 5.3 erläuterten Verfahren der Schleifreinigung meist entfernt oder zumindest erheblich gemindert werden.

Rostverfärbungen vor allem als Abtropf- bzw. Ablaufrost kommen auch an vertikalen Wand- oder Stützenflächen vor, wenn die aufgehende Bewehrung nicht gegen Niederschlagswasser geschützt wird. Da dieser Schutz technisch einfach ist, gelten Rostverfärbungen an vertikalen Sichtbetonflächen grundsätzlich als vermeidbar. Zur Nachbesserung kann ebenfalls eine Schleifreinigung versucht werden.

Gelbe bis braune, meist fleckige Verfärbungen können auch durch die Schalungshaut selbst, genauer gesagt durch die Oberflächenbeschichtung einiger Schalungshäute verursacht werden. Die genaue Entstehung wurde von [illegible] untersucht, die Ergebnisse können in [2.02] nachgelesen werden. Gelb- oder Braunverfärbungen geringer Intensität können durch UV-Einstrahlungen (Sonnenlicht) wieder verblassen.

Das Merkblatt Sichtbeton informiert in Anhang F über Arten, Ursachen und Prognosen von Verfärbungen auf Sichtbetonflächen

2.2 Schalungsart und Schalungshaut

2.2.1 Schalungsart

2.2.1.1 Trägerschalung

Die Trägerschalung hat ihren Namen von den senkrechten Trägern die das ganze System zusammenhalten. Die Schalungshaut wird vorne auf diesen Trägern befestigt. Hinten stabilisieren querliegende Stahlträger die Konstruktion.

Die besondere Sichtbetonoptik beim Einsatz einer Trägerschalung ist die frei wählbare Größe der Schaltafeln, die Einsatzmöglichkeit aller Arten von Schalungshaut, ein paar Möglichkeiten bei der Gestaltung der Schalungsstöße und die größere Freiheit bei der Anordnung der Schalungsanker. Eine kleine Gestaltungsoption ist auch die Art der Befestigung der Schalungshaut auf den Trägern.

Flächengliederung

Die Flächengliederung wird durch die Größe der Schaltafeln, die Deutlichkeit der Schalungsstöße, die Art der Befestigung und durch die Anordnung der Schalungsanker erreicht.

Einige Schaltafeln können bis zu einer Größe von 2,50 m x 6,00 m geliefert werden.

Die Schaltafel kann mit Schrauben oder Nägeln befestigt werden. Schrauben sind die bessere Wahl. Die Befestigung kann von vorne und hinten erfolgen. Bei der Befestigung von vorne können die Köpfe der Schrauben sichtbar bleiben. Dabei kann die Kopfart der Schraube (Kreuzschlitz, Torx oder anderes) ein Gestaltungspunkt sein. Die Köpfe können versenkt, bündig oder erhaben ausgeführt werden. Der daraus resultierende Betonabdruck kann ebenfalls gestaltend wirken. Versenkte Schrauben können auch zugespachtelt werden. Ob das Spachtelmaterial eine andere Farbwirkung des Betons zur Folge hat, ist durch Versuche an den Erprobungsflächen zu prüfen.

Wird die Schalungshaut von hinten verschraubt, werden vorher Bretter auf Abstand an den Trägern befestigt. Anschließend wird die Schalungshaut durch diese

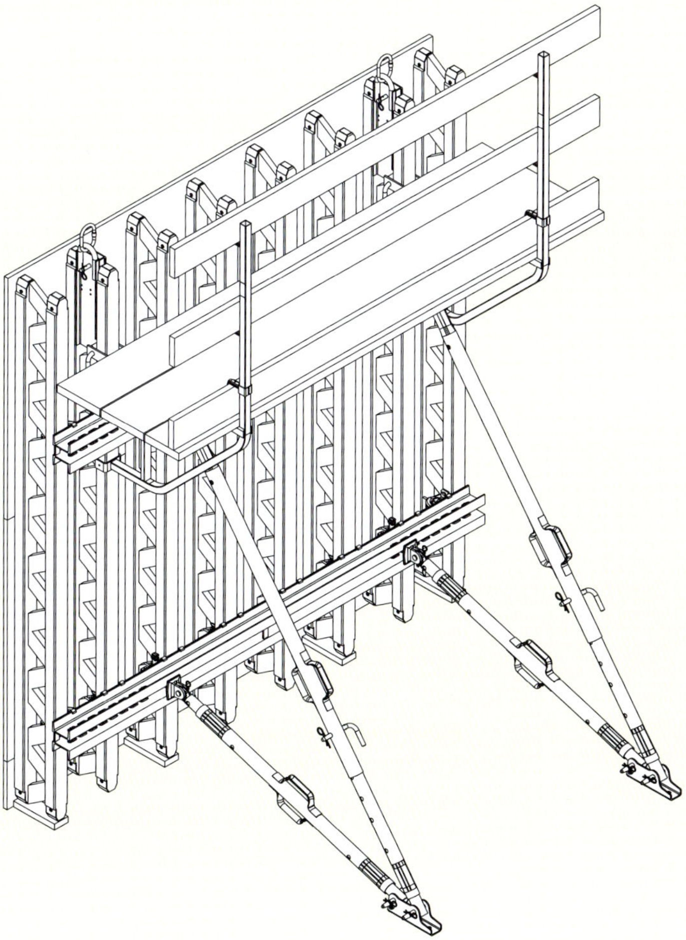

Bild 2.10: Prinzip einer Trägerschalung (Bild: Peri GmbH)

Bild 2.11: Sparschalung, Befestigung der Schalungshaut von hinten über vorher angebrachte Bretter

Bretter von hinten verschraubt. Diese Art der Schalung wird Sparschalung genannt.

Ausführung von Schalungsstößen
Schalungsstöße können in ihrem Erscheinungsbild beeinflusst werden. Ist eine möglichst geringe Wirkung erwünscht, sollten die Schalungsstöße mit einem Schaumstoffprofil abgedichtet werden. Dabei ist zu beachten, dass sich das Schaumstoffprofil beim Zusammendrücken in der Querrichtung ausdehnt. Das Profil sollte daher nicht bündig an der dem Beton zugewandten Kante befestigt werden. Es würde sich beim Zusammensetzen der Schalung in den eingeschalten Bereich hinein ausdehnen und später vom Beton eingeschlossen werden. Nach dem Ausschalen wären dann abgerissene und im erhärteten Beton festsitzende Reste des Schaumstoffprofils sichtbar.

Wird das Schaumstoffprofil zu tief hinten an der Stirnseite der Schaltafeln befestigt, dringen die feinen Bestandteile des Betons in diesen Spalt ein und ergeben später einen Grad, der beim Ausschalen ungleich abbricht. Allerdings kann diese Variante auch bewusst als Gestaltungsmittel genutzt werden.

Die genaue Positionierung des Abdichtungsprofils sollte an den Probewänden überprüft werden und obliegt der Erfahrung der Schalungsprofis.

Wird der Schalungsstoß nicht abgedichtet, können die Feinstanteile des Betons auslaufen und führen zwar zu deutlich sichtbaren Stößen, werden aufgrund ihres ungleichmäßigen Ausblutens aber als fehlerhaft empfunden.

Eine Abdichtung mit Silikonmassen führt meist zu unbefriedigenden Lösungen. Einerseits klebt das Silikon die Schaltafeln stark zusammen, andererseits kann überschüssiges, auf der Schalung stehendes Silikon den erhärtenden Beton beeinflussen und zu einer Farbveränderung führen.

Ein Schalungsstoß kann auch betont werden, indem die Schaltafeln entlang des Stoßes mit einer dreieckigen, runden oder anders geformten Nut versehen werden. Die Schalungsstöße treten dann deutlich sichtbar als linienförmige Erhebung hervor.

Anordnung der Schalungsanker
Die Anordnung der Schalungsanker unter gestalterischen Aspekten unterliegt zunächst den technischen Anforderungen. Die Aufgabe der Schalungsanker ist die Ableitung der Kräfte aus dem Frischbetondruck. Dabei ist die Mindestanzahl der Schalungsanker abhängig von der Betoniergeschwindigkeit (Steiggeschwindigkeit in m Höhe pro Stunde), der Konsistenz des Frischbetons, der Erhärtungsgeschwindigkeit des Frischbetons und der Steifigkeit des Schalungssystems. Die Anordnung zusätzlicher Schalungsanker ist möglich. Die Positionierung der Schalungsanker ist mit Einschränkungen frei wählbar.

Bild 2.12: Sechs Schalungsanker auf Elementen von 1,80 m x 0,90 m aus gestalterischen Gründen

Bild 2.14: Gelungene Sichtbetonoptik mit Rahmenschalung, Steinbergkeller im Rheingau

Bild 2.13: Nur jede zweite Reihe von Schalungsankern ist bei der Betonage angespannt

2.2.1.2 Rahmenschalung

Eine Rahmenschalung ist ein Wandschalungssystem mit einzelnen Schalungselementen. Diese Elemente haben einen Metallrahmen (Stahl oder Aluminium), der die Schalungshaut einfasst und vor seitlichen Beschädigungen schützt. Gleichzeitig wirkt der Metallrahmen aussteifend, sodass aus mehreren Rahmenschalungselementen eine Wandschalung zusammengestellt werden kann.

Die besondere Sichtbetonoptik einer Rahmenschalung wird einerseits durch die typischen Schalungsstöße und andererseits durch die festgelegte Anordnung der Schalungsanker häufig im Bereich der Metallrahmen erzielt.

Die Flächenqualität wird durch den Zustand der Schalungshaut und die Maßhaltigkeit der einzelnen Elemente bestimmt. Bei Überarbeitungen von mehrfach gebrauchten Rahmenschalungselementen können die Rahmen neu gerichtet und die Schalungshaut ausgetauscht werden.

Flächengliederung

Die Flächengliederung erfolgt einerseits durch die Größe der Rahmenschalungselemente und andererseits durch das typische Erscheinungsbild der Schalungsstöße. Die Rahmenschalungselemente werden von den verschiedenen Schalungssystemherstellern in unterschiedlichen Rastermaßen angeboten. Die rechteckigen Elemente können senkrecht und waagerecht eingesetzt werden.

Systembedingtes Aussehen von Schalungsstößen

Der Abdruck der Rahmenschalung im Beton besteht immer aus dem Metallrahmen, der Schalungshaut und einer Silikonfuge dazwischen. Da immer zwei Elemente nebeneinander angeordnet werden, ist der

Bild 2.15: Flächengliederung durch die senkrechte und waagerechte Ausrichtung der Rahmenschalungselemente. Die dunklen Streifen stellen die Schalungsstöße dar, die teilweise geringfügig ausgeblutet sind

Rahmenabdruck entsprechend doppelt zu sehen.

Die Qualität dieses Aussehens wird beeinflusst vom Zustand der Rahmenschalungselemente und dem Material der Silikonfuge.

Bild 2.16: Rahmenschalungsabdruck an der Betonfläche (Bild: Doka GmbH)

Sind die Schalungselemente neu und noch nicht verzogen, kann man mit einer Abdichtung des Schalungsstoßes durch einen Schaumstoffstreifen ein Ausbluten des Betons verhindern. Sind die Rahmenelemente nach etlichen Einsätzen etwas verzogen, klaffen die Stöße auf und zeigen im Beton unterschiedlich stark ausgelaufene Schalungsstöße.

Die Deutlichkeit der Silikonfuge kann über das Silikonmaterial beeinflusst werden. Bei einem entsprechenden Silikon kann ein übermäßiges Verfärben des Betons beim Abbinden im Kontakt mit der Fuge verhindert werden.

Anordnung der Schalungsanker

Die Anordnung der Schalungsanker erfolgt immer an den aussteifenden Metallrahmen. Dies geschieht überwiegend am Rand,

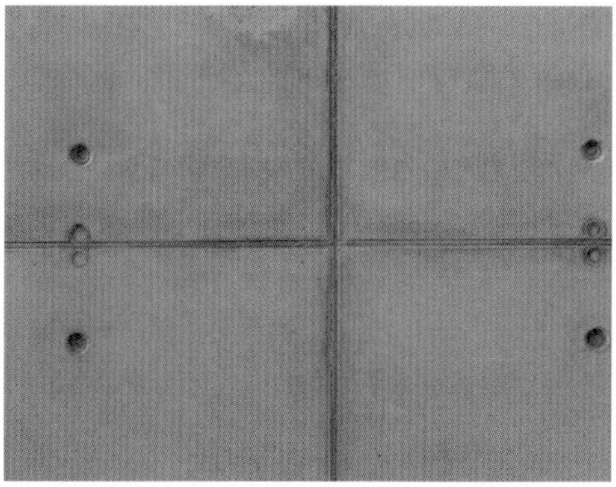

Bild 2.17: Hochwertige Ausführung von Schalungsstößen mit Schalungsanker im Feldbereich, Steinbergkeller im Rheingau

Bild 2.18: Rahmenschalungsoptik mittlerer Qualität im Eingangsbereich eines Bürogebäudes

manchmal auch an Metallrahmen in der Fläche der Rahmenschalungselemente.

Werden gleiche Elemente eingesetzt, kann es vorkommen, dass zwei Schalungsanker von zwei Elementen direkt nebeneinander liegen.

2.2.1.3 Rahmenschalung mit aufgedoppelter Schalungshaut

Wird eine meist neue Schalungshaut auf einer Rahmenschalung befestigt, bekommt man im Prinzip eine Mischung der Ansichtsfläche wie bei einer Trägerschalung und einer Rahmenschalung.

Die besondere Sichtbetonoptik dieser Kombination besteht aus der nun eingeschränkt wählbaren Größe der Schaltafeln und der Ausführung der Schalungsstöße wie bei einer Trägerschalung. Lediglich die Anordnung der Schalungsanker ist in ihrem Raster eingeschränkt.

Die Flächengliederung erfolgt wiederum über die Größe der Schaltafeln, die Optik der Schalungsstöße und die Anordnung der Schalungsanker. Während die Ausführung der Schalungsstöße beliebig ist wie bei einer Trägerschalung, stehen die Größe der Schaltafeln und die Anordnung der Schalungsanker in direkter Abhängigkeit.

Die Anordnung der Schalungsanker ist immer an die Größe der Rahmenelemente gebunden. Wählt man z. B. eine gleichmäßige Breite der Rahmenschalungselemente von 1,25 m, dann kann man mit Schaltafeln von 1,25 m oder 2,50 m Breite die Schalungsanker gleichmäßig anordnen.

Bevorzugt man Schaltafelgrößen, die vom Raster der Rahmenschalungselemente abweichen oder setzt man Rahmenschalungselemente mit unterschiedlichen Größen ein, erhält man eine ungleichmäßige Anordnung der Schalungsanker.

Im Bild 2.19 ist die Anordnung der Schalungsanker mit etwas Mühe zu erkennen. Das besondere Erscheinungsbild der als Schalungshaut verwendeten OSB-Platte lässt die Schalungsanker allerdings in den Hintergrund treten. Die Anordnung der Schalungsanker ist gleichmäßig, da die vorderen Schaltafeln das Raster der Rahmenelemente aufnehmen. Allerdings sind die Abstände der Schalungsanker zum linken Rand der Schaltafel größer als zum rechten Rand.

Bild 2.19: Aufgedoppelte Schalungshaut (OSB-Platten) auf einer Rahmenschalung

2.2.2 Schalungshaut

Die Schalungshaut bestimmt letztlich die „Textur" der Betonoberfläche als ein Hauptmerkmal des Sichtbetons. Sie hat – in Verbindung mit dem Trennmittel und dem Beton – Auswirkungen auf die Farbtönung des Betons innerhalb des Grauspektrums, auf die Porenbildung, die Wolkenbildung und die Textur.

Grundsätzlich kann man eine erste Unterscheidung treffen nach dem Saugverhalten der Schalungshaut. Dabei wird von der saugfähigen Schalungshaut überschüssiges Wasser und Luft aufgenommen, was zu weniger Poren und einem gleichmäßigeren aber etwas dunkleren Farbbild führt.

Oft macht bereits der Architekt im Rahmen der bauvertraglichen Leistungsbeschreibung mehr oder weniger feste Vorgaben hinsichtlich der als Schalungshaut zu verwendenden Materialien. Da jedoch der Ausführende das Flächenergebnis vertraglich verantwortet, ist es nicht hilfreich, wenn die Planung zusätzlich zum Bauziel auch noch Materialien und Verfahren vorschreibt. Der Ausführende muss vertraglich von baubetrieblichen Praxisabschätzungen und -vorgaben des Architekten freigestellt sein, um seine Erfahrung und Innovativität entfalten und für den technischen und wirtschaftlichen Erfolg des Bauvorhabens einsetzen zu können. Bauvertragliche Vorgaben zu baubetrieblichen Verfahren und Materialien sollten mit dem Planer unmittelbar nach der Auftragsübernahme diskutiert und möglichst aufgelöst werden. Derartige Forderungen stellen insbesondere einen Verstoß gegen die Regelungen VOB C, ATV DIN 18331, *Betonarbeiten* [1.12], Pkt. 3.2 und Pkt. 3.3 dar.

Grundsätzlich ist eine ganze Reihe von Schalungshäuten zur Herstellung eines glatten Sichtbetons geeignet. In einigen Fällen wird aufgrund besonders hoher Anforderung an die Sichtbetonflächen vertraglich ein „einmaliger Schalungshauteinsatz" gefordert. Dies ist eine wirtschaftlich

Tabelle 2.01: Unterscheidung zwischen saugender und nicht saugender Schalungshaut

saugend	nicht saugend
z. B. sägeraues Holz	z. B. Mehrschichtplatte mit Kunststofffilm, Kunststoffschalungshaut, Stahlschalung
Entzug von Luft, weniger Poren	nicht saugend, Begünstigung von Porenbildung
Entzug von Überschusswasser	Begünstigung von Poren- und Wolkenbildung
etwas rauere Oberfläche	glatte Oberflächen
tendenziell gleichmäßigerer Farbton	Marmorisierung, Farbtonunterschiede
dunkler	heller

Bild 2.20: Probewand aus einer Betoncharge, unterschiedliche Grautöne infolge des Saugverhaltens verschiedener Schalungshäute

sehr aufwendige Maßnahme, die jedoch nicht in allen Fällen technisch sinnvoll ist. Viele Schalungshäute zeigen erst nach zwei- bis dreimaligem Einsatz stabile Flächenergebnisse und können, bei entsprechender Behandlung, viele Male mit konstanten Ergebnissen eingesetzt werden. Die richtige Auswahl der Schalungshaut durch den Ausführenden ist letztlich qualitätsentscheidender als die vertraglich formelle Beschränkung ihrer Einsatzhäufigkeit, die seitens der Planung zwar mit den besten Absichten, aber meist in Unkenntnis der zum Einsatz kommenden Materialien und deren Leistungsfähigkeit formuliert wird.

2.2.2.1 Filmbeschichtete Holzwerkstoffplatten

Filmbeschichtete Holzwerkstoffplatten sind die klassische Schalungshaut für Stahlbetonbauteile mit und ohne Sichtbetonanforderungen. Sie haben ihren Ursprung in der Entwicklung beschichteter Sperrholzplatten in den Jahren nach 1960 zur wirtschaftlichen Bewältigung großflächiger Schalaufgaben mit vielfachen Schalungshauteinsätzen und begründen letztlich den etwa seit 1980 bis heute währenden Gestaltungstrend möglichst makelloser und glatter Ansichtsflächen aus Beton.

Bei der Entscheidung einer Schalungshaut zur Herstellung von Sichtbetonflächen ist zu beachten, dass melamin- bzw. polyphenolharzbeschichtete Schalungshäute aufgrund ihrer Einsatzbreite mit erheblichen Qualitätsunterschieden angeboten werden und die Auswahl in jedem Fall durch einen Fachmann mit entsprechender Erfahrung oder nach eingehender Produktberatung erfolgen muss. Auf keinen Fall darf die Wahl der Schalungshaut allein nach wirtschaftlichen Kriterien erfolgen, da nur die Auswahl nach technischer Eignung erfahrungsgemäß die letztlich wirtschaftlichste ist.

2.2.2.2 Bretter – sägerau oder gehobelt

Holzbretter als Schalungshaut wurden bereits bei den Römern benutzt. Bis zu den 1970er Jahren waren Holzbretter die erste Wahl im Schalungsbau und wurden dann durch die Systemschalungen mit Holzwerkstoffplatten abgelöst. Aktuell werden Holzbretter wieder eingesetzt, um die besondere Brettschalungsoptik zu erzielen.

Holz enthält aber Holzzucker und Gerbstoffe. Beides hat eine Wirkung auf die Farbtönung der Betonoberfläche und führt zu etwas dunkleren Flächen. Werden

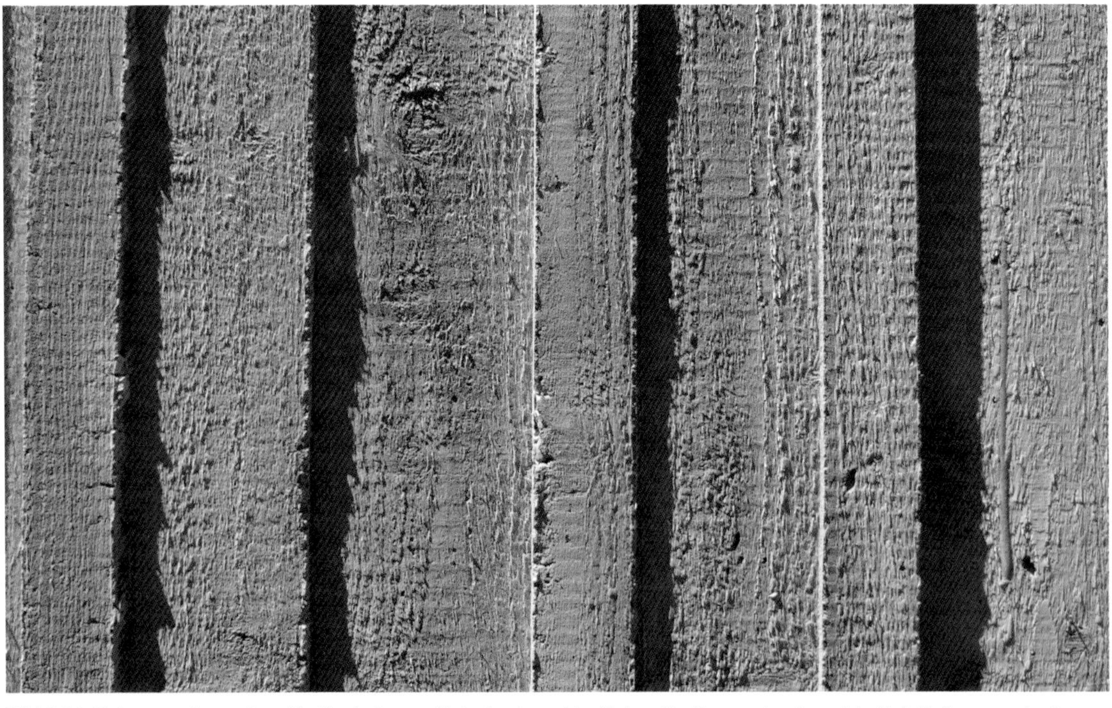

Bild 2.21: Betonwand aus einer Brettschalung mit drei unterschiedlichen Breiten und unterschiedlich tief angeordnet

die gleichen Bretter mehrfach eingesetzt, lässt dieser Effekt nach. Werden neue und gebrauchte Bretter in einem Bauabschnitt gemischt eingesetzt, werden wegen dieser Systematik die Betonoberflächen unterschiedliche Grautöne aufweisen.

Bei aktuellen Bauvorhaben sind diese Bretter meist in Qualität und Abmessungen besonders ausgesucht und werden nur einmal eingesetzt. Um die dunklere Farbtönung zu reduzieren, kann man die Bretter vorher mit Zementleim einstreichen und diesen nach dem Aushärten wieder herunter kratzen. Allerdings wird dieser Arbeitsschritt aus Kostengründen meist nicht mehr ausgeführt. Alternativ kann eine hellere Farbtönung auch mit der Wahl des Zementes und der feinen Gesteinskörnung erreicht werden.

Sägeraues Holz hat an der Oberfläche Holzfasern und Holzsplitter. Diese werden beim Betonieren vom Beton umhüllt. Nach dem Ausschalen verbleiben dann einige dieser Holzsplitter an der Betonoberfläche. Diese Holzsplitter gehören zu dieser Schalungsart dazu. Gerade bei Außenflächen werden diese Holzsplitter durch Verwitterungsprozesse dunkler und fügen sich in das Erscheinungsbild der sägerauen Holzschalung gut ein.

2.2.2.3 Span- oder OSB-Platten

Span- oder OSB-Platten (Oriented Strand Board) bestehen aus Holzspänen, die mit Leim zu einer Platte gepresst werden. Die lebhafte Betonoberfläche entsteht dabei durch unterschiedliches Saugverhalten der Späne bedingt durch ihre unterschiedliche Ausrichtung.

Bild 2.22: Ansicht einer mit Spanplatten geschalten Betonwand mit Schalungsanker

Es entsteht eine strukturierte Ansicht, in der Farbunterschiede und Poren kaum auffallen. Dieser Effekt wird mit zunehmender Einsatzzahl der Platten schwächer, sodass meist nur ein einmaliger Einsatz ausgeführt wird. Variationsmöglichkeiten sind ein Wässern der Platte vor dem Betonieren oder eine Bearbeitung der so ausgeführten Betonfläche durch Schleifen oder Strahlen.

2.2.2.4 Vollkunststoffplatten

Die kunststoffhaltigen Schalungshautsysteme sind relativ junge Entwicklungen, die z. T. auch mit Blick auf die Robustheit der entstehenden Flächenergebnisse betrieben wurden – was sicher ein Novum in der Entwicklungsmotivation der Hersteller darstellt. Kunststoffbeschichtete Schalungshäute und solche aus Vollkunststoff zeigen allerdings auch in vielen anderen Eigenschaften deutliche Vorteile gegenüber den klassischen Pendants: Sie reagieren widerstandsfähiger und gutartiger auf die typischen mechanischen Einwirkungen, sind im Falle grober Beschädigung systemidentisch und nahezu unsichtbar in Stand zu setzen und können weit häufiger eingesetzt werden.

2.2.2.5 Stahlschalungen

Stahlschalungen finden sich häufig bei der Herstellung von Betonfertigteilen oder auf der Ortbetonbaustelle als Stützenschalung. Stahlschalungen sind nichtsaugende Schalungshäute und können bei vertikalem Einsatz zu etwas mehr Wolkenbildung führen. Die Porenbildung ist bei der liegenden Herstellung im Fertigteilwerk eher unproblematisch, da Luftporen aufsteigen wollen und sich somit von der später sichtbaren Oberfläche entfernen.

2.2.2.6 Schalungsmatrizen

Schalungsmatrizen sind strukturierte elastische Schalungseinlagen, die es ermöglichen, Sichtbetonflächen mit einer nahezu unbegrenzten Strukturvielfalt herzustellen. Es gibt Putz-, Holz- und Mauerwerksstrukturen, geometrische Strukturen, Stein- und Felsstrukturen, Brucheffekte, orientalische Muster, florale Motive und vieles mehr. Der Einsatz ist nicht nur auf Sichtbeton beschränkt. Anti-Rutsch-Strukturen werden z. B. auch beim Bau von Betonfertigteiltreppen eingesetzt.

Schalungsmatrizen werden sowohl im Betonfertigteilbau als auch im Ortbetonbereich eingesetzt. Im Fertigteilwerk werden Schalungsmatrizen bei der liegenden Herstellung meistens mit dem Untergrund verklebt, während beim Ortbeton mit einer flächigen Verklebung gearbeitet werden muss.

Foto-Gravur-Beton

Die Schalungshaut für Foto-Gravur-Beton ist eine besondere Art der Schalungsmatrize. Die zugrunde liegende Schalungsmatrize besteht im Prinzip aus vielen parallel angeordneten länglichen Vertiefungen. Über die Tiefe dieser Nuten wird bei seitlich einfallendem Licht ein Schatten erzeugt. Ist die Nut flach, entsteht kein Schatten. Die reliefartige Oberfläche der Foto-Gravur-Matrize erzeugt aus diesem Licht- und Schatten-Spiel ein Abbild der Bildvorlage. Die Wahrnehmung dieses Bildes wird von der Intensität des Lichts, vom Winkel des einfallenden Lichts und vom Blickwinkel des Betrachters beeinflusst. Wenn sich an einem trüben Tag keine Schatten bilden, ist kein Motiv zu erkennen. Bei seitlich einfallendem Licht ist das Bild besser zu erkennen, bei lotrecht einfallendem Licht bilden sich keine Schatten und das Motiv ist nicht erkennbar. Läuft ein Betrachter rechtwinklig auf die Foto-Gravur-Betonfläche zu, verändert sich das Motiv nicht. Verändert der Betrachter seinen Blickwinkel, indem er an der so gestalteten Wand entlang läuft,

Bild 2.23: Foto-Gravur-Beton, Friedrich-Ebert-Platz in Heidelberg

ändert sich auch die Intensität der Wahrnehmung.

2.3 Schalungsdetails

2.3.1 Herstellung gebrochener Bauteilkanten

Für die Herstellung ansehnlicher gebrochener Kanten gilt genau das gleiche wie für die Herstellung scharfer Kanten (siehe nächster Abschnitt). Zusätzlich muss auf das Material der eingebauten Dreikantleiste geachtet werden. Wird neben einer filmbeschichteten Schalungshaut eine Dreikantleiste aus unbeschichtetem Holz eingebaut, muss mit einer Dunkelfärbung des Betons im Bereich der Holzleiste gerechnet werden.

2.3.2 Herstellung scharfer Bauteilkanten

Bei der Ausführung von Sichtbeton werden seitens der Planung häufig scharfe Kanten (ungefaste Kanten oder Null-Fase) ausgeschrieben. Allerdings sollten die Möglichkeiten und besonders die Grenzen dieser Kantengestaltung bekannt sein, um materialgerecht zu planen, bei der Ausführung nur das Machbare zu fordern und die Ausführung preislich richtig einzuschätzen.

Die Ausführungsart von Kanten ist ein primäres Gestaltungsmerkmal und muss seitens der Planung vorgegeben werden. Allerdings sind kleinere Abbrüche und Ausblutungen nicht zu vermeiden. Da Kanten auch Schalungsstöße sind, bietet es sich an, diese auch so nach den Kriterien des Merkblattes zu beurteilen.

Die Baupraxis zeigt an vielen Beispielen, dass die Ausführung scharfer Kanten bei entsprechender Sachkunde und Sorgfalt sehr zuverlässig gelingen kann.

2.3.2.1 Einfluss der Schalungsart

Ausgelaufene (ausgemagerte) Kanten ergeben sich, wenn die Schalung im Bereich der Kante bei einsetzendem Frischbetondruck geringfügig aufklafft. Daher ist neben der zuverlässigen Abdichtung der Schalung eine möglichst steife Schalung günstig. Die Erfahrung zeigt, dass Trägerschalungen für die Erzielung scharfer Kanten meist besser geeignet sind als Rahmenschalungen.

Neben der engen Anordnung der Längs- und Querträger können zusätzlich Eckabspannungen eingesetzt werden.

Bild 2.24: Trägerschalung mit zusätzlicher Eckabspannung (Bild: Doka GmbH)

Bild 2.25: Scharfe Kante und Rahmenschalung, Steinbergkeller im Rheingau

Bild 2.26: Bauteilkante, hergestellt mit Dreikantleiste

Bild 2.27: Scharfe Bauteilkante, hergestellt ohne Dreikantleiste

Scharfe Kanten müssen jedoch nicht zwingend mit einer Trägerschalung ausgeführt werden. Es lassen sich auch mit einer Rahmenschalung scharfe Kanten ausführen. Hierzu müssen die einzelnen Rahmenschalungselemente sauber, zueinander passgenau und noch nicht beschädigt oder verzogen sein. Allerdings stehen häufig die ästhetischen Vorstellungen von scharfen Kanten mit dem Aussehen einer mit Rahmenschalungen hergestellten Sichtbetonwand im Widerspruch.

Keine Regel ohne Ausnahme. Beim Steinbergkeller im Rheingau wurde ein architektonisch hochwertiges Flächenbild mit einer Rahmenschalung und mit scharfen Kanten realisiert

2.3.2.2 Zuschnitt der Schalungshaut

Wenn Schalungshautelemente an der Baustelle zugeschnitten werden, sind die Maßhaltigkeit und die Qualität einer Schnittkante von der Art und Schärfe des Sägeblatts, von der Maßhaltigkeit der Kreissäge und natürlich von der handwerklichen Sorgfalt der handelnden Person abhängig. Eine unsauber zugesägte Schalungshautkante kann auch mit guten Abdichtmaterialien und großer Sorgfalt meist nicht ausreichend dicht ausgeführt werden.

Handkreissägen werden auch beim Arbeiten mit einer Führungshilfe, etwa entlang eines Bretts, kaum ausreichende Ergebnisse liefern. Die üblicherweise auf Baustellen vorhandenen Tischkreissägen erlauben einen hinreichend genauen Zuschnitt nur an kleineren Elementen. Eine große Schalplatte, die an allen Seiten überhängt, ist auch mit einer Tischkreissäge kaum maßhaltig zu schneiden. Gute Ergebnisse werden mit Formatkreissägen erreicht, mit denen z. B. auch saubere Gehrungsschnitte möglich sind. Diese Sägen haben einen besonders großen Tisch, auf dem die ganze

Bild 2.28: Schalungshautzuschnitt auf der Baustelle, Mercedes-Benz-Museum Stuttgart

Schalplatte sicher aufliegt, und eine stabile und ausreichend lange Führung.

Sehr exakte Schnitte erzielt man jedoch mit einer speziellen Plattensäge, die in einem gut ausgestatteten Montagebetrieb unerlässlich ist.

Hochwertige Platten- bzw. Tischkreissägen gehören allerdings nicht zur üblichen Baustelleneinrichtung. Die Kosten hierfür sind zu berücksichtigen.

2.3.2.3 Abdichten von Schalungshautstößen

Für die Abdichtung von Schalungsstößen gelten die gleichen Vorgaben, wie sie in Punkt 2.2.1.1 *Ausführung von Schalungsstößen* bereits ausgeführt wurden.

In Betonfertigteilwerken werden Silikonfugen zur leichten Ausrundung der Bauteilkanten häufig eingesetzt, da meist in liegende Schalungen betoniert wird und somit nur ein geringer Frischbetondruck auftritt und alle Kanten zur manuellen Abdichtung mit Silikon gut erreichbar sind.

2.3.2.4 Schutz von scharfen Kanten

Sind die Kanten eines Sichtbetonbauteils zur Zufriedenheit aller Beteiligten gelungen, gilt es, diese im Weiteren vor Beschädigung zu schützen. Das gewerbliche Personal der Rohbaufirma verfügt meist über hinreichende Sensibilität gegenüber den selbst mit Aufwand und Sorgfalt hergestellten Sichtbetonbauteilen. Dennoch sind kleinere Beschädigungen, wie der Anprall einer Schubkarre oder eines Krangehänges, auch beim aufmerksamsten Arbeiten nicht ganz auszuschließen. Deutlicher wird der Schutzbedarf der fertigen Leistung meist im Zuge der Ausbauarbeiten, wenn viele Fremdfirmen auf der Baustelle tätig sind, deren Mitarbeiter den Qualitätsmerkmalen der Sichtbetonbauteile, vor allem aber den Bauteilkanten, mit großer Nachlässigkeit begegnen können.

Bild 2.29: Abdichtung eines Schalungshautstoßes mit Fugeneinlage (Bild: Doka GmbH)

Die am häufigsten ausgeführte Variante eines Kantenschutzes ist eine aus zwei Brettern zusammen geschraubte/genagelte Winkelkonstruktion, die auf der Kante befestigt wird. Dabei ist zu beachten, dass Beton in jungem Alter in direktem Kontakt mit Holz (oder anderen Materialien) unter den abgedeckten Bereichen unterschiedlich hydratisiert und austrocknet und nach dem Entfernen des Kantenschutzes in den abgedeckten Bereichen eine zum Restbauteil abweichende Farbtönung aufweisen kann. Derartige Farbabweichungen können je nach Abdeckdauer sehr dauerhaft und von erheblicher Störwirkung sein. Werden Bretter aus relativ frischem Holz verwendet und wird die Schutzkonstruktion gleich nach dem Ausschalen befestigt, kann der enthaltene Holzzucker für eine verzögerte Erhärtung des Betons im oberflächennahen Bereich sorgen und eine dunklere Tönung des Betons zur Folge haben.

Um solche Farbveränderungen zu verhindern, sollte der Beton nach dem Ausschalen zunächst ohne Abdeckung „reifen“.

Erst wenn der Beton im oberflächennahen Bereich karbonatisiert ist, werden keine oder zuverlässig nachheilende Farbveränderung auftreten. In dieser Zeit ist die Betonoberfläche ungeschützt und die Baufirma wird erfahrungsgemäß vorsichtig mit „ihrem Sichtbeton" umgehen. Der günstigste Zeitpunkt zur Befestigung der Schutzkonstruktion hängt von den Umgebungsbedingungen, der Betonzusammensetzung und dem Material der Schutzkonstruktion ab und kann aus praktischer Erfahrung nur mit ein bis zwei Wochen abgeschätzt werden.

Bild 2.30: Kantenschutz bei einer Stütze mit zwischengelegten Schaumstofflagen, Mercedes-Benz-Museum Stuttgart

Alternativ kann durch Abstandhalter dafür gesorgt werden, dass die Schutzkonstruktion nicht direkt an der Betonoberfläche anliegt, sondern einen ausreichenden Luftspalt zum Beton hat. Die Abstandhalter sollten möglichst nur punktuellen Kontakt zur Betonoberfläche haben und aus einem Material bestehen, das den Erhärtungs- und Austrocknungsvorgang des Betons nicht verändert und mit den Betoninhaltsstoffen nicht reagiert. Alternativ können Abstandhalter in Bereichen angeordnet werden, in denen Verfärbungen bei der späteren Nutzung nicht zu sehen sind – etwa im Bereich des späteren Bodenaufbaus oder einer abgehängten Decke.

Die Auswahl der zwischengelegten Materialien erfolgt meist nach Erfahrungen oder danach, welche Materialien auf der Baustelle verfügbar sind. Sollen hinsichtlich eines möglichen Farbeffektes unbekannte Materialien erstmals eingesetzt werden, empfiehlt sich ein mindestens drei-wöchiger Vorversuch, z. B. an den Erprobungsbauteilen. In Einzelfällen wurden auch kurze Abschnitte sogenannter Mauerstärken aus PVC (Länge ca. 1 bis 2 cm) erfolgreich angewendet. Diese sind nahezu immer vorhanden und können bedarfsgerecht rasch und sehr kostengünstig aus Reststücken hergestellt werden.

2.3.2.5 Sicherheitsaspekte

Gemäß der DGUV-Unfallverhütungsvorschrift der Gemeindeunfallversicherer für Schulen [2.03] gilt: „Ecken und Kanten von Wänden und Stützen dürfen bis zu einer Höhe von 2,00 m ab Oberkante Standfläche nicht scharfkantig ausgeführt sein".
Im gleichen Regelwerk gelten Ecken und Kanten an Betonbauteilen als nicht scharfkantig, wenn sie gebrochen oder gerun-

Bild 2.31: Wandkante in einer Schule mit Kantenprofil zur Herstellung gerundeter Kanten mit einem Rundungsradius von ca. 4 mm

Bild 2.32: Zugehöriges Kantenprofil

det sind. Über die geometrischen Anforderungen an die Ausrundung von Kanten an Betonbauteilen gibt es keine näheren Angaben. Dies kommt wahrscheinlich daher, dass die exakt geformte Ausrundung von Bauteilkanten an Betonbauteilen bisher so gut wie nicht herstellbar war und derartige Vorgaben bei der Erstellung des Regelwerks vernachlässigt wurden. Ecken und Kanten aus Holz oder Stahl gelten als nicht scharfkantig, wenn ihre Kanten mit einem Mindestradius von 2 mm ausgerundet sind. Diese Angabe kann sicherlich auch für Betonbauteile sinngemäß als gültig aufgefasst werden.

Zur Herstellung möglichst scharfer aber im Sinne der Gemeindeunfallversicherer verletzungssicherer Bauteilkanten in Schulen mit einem Rundungsradius von etwa 4 mm wird am Markt ein Kunststoffprofil zum Einbau in die Kantenfuge der Schalungshaut angeboten. Als positiver Nebeneffekt der Anwendung dieses Profils konnte eine zusätzlich abdichtende Wirkung in den Schalungshautfugen beobachtet werden.

2.3.3 Abdichtung der Schalung

Schalung muss grundsätzlich nach DIN EN 13670/DIN 1045-3 [1.04, 1.05] Abschnitt 5.4 (3) „ausreichend dicht sein, um den Verlust von Feinmörtel zu begrenzen". Der Grund dafür ist, dass der Beton den Bewehrungsstahl gut umhüllen muss, damit der Bewehrungsstahl einerseits vor Korrosion und Brandeinwirkung geschützt ist und andererseits die Kräfte zwischen Beton und Stahl übertragen werden können. Damit werden also die Anforderungen an Tragfähigkeit und Dauerhaftigkeit abgedeckt.

Beim Sichtbeton kommt die Gebrauchstauglichkeit dazu, nämlich Anforderungen an das Aussehen. Daher werden diese Anforderungen als maximal zulässiger Zementleim-/Feinmörtelaustritt in der Breite und der Tiefe in Abhängigkeit von der Sichtbetonklasse bzw. der davon abhängigen Texturklasse festgelegt.

Für die Abdichtung von Schalungshaut- bzw. Schalelementstößen gilt sinngemäß das vorstehende Kapitel 2.3.2.3, die

Abdichtung von Ankerstellen beschreibt Kapitel 2.3.5.

2.3.4 Arbeits- und Bewegungsfugen

2.3.4.1 Arbeitsfugen

Arbeitsfugen ergeben sich meist aus dem baubetrieblichen Arbeitsablauf und bautechnischen Gegebenheiten und sind unvermeidbar. Sie begrenzen das Betonbauteil in seinen Abmessungen und wirken als schnittkräfteübertragende Fugen. Typische Arbeitsfugen im Stahlbetonbau sind die waagerechten Fugen zwischen Bodenplatte (Sohle) und aufgehenden Wänden bzw. zwischen Wänden und Decken sowie die senkrechten Fugen zwischen zwei benachbarten Wandabschnitten. Die Hauptanforderung an eine Arbeitsfuge ist ein möglichst geringer Verlust von Feinmörtel in den Schalungsstößen, um den Brandschutz, die Verbundwirkung zur Kraftübertragung und den Korrosionsschutz der Bewehrung und damit die Dauerhaftigkeit zu gewährleisten. Bei Sichtbetonobjekten gilt genau die gleiche Anforderung, allerdings zusätzlich noch aus optischen Gründen.

Benachbarte Bauteile werden, auch wenn sie mit der gleichen Betonzusammensetzung ausgeführt werden, immer einen leichten Farbunterschied zeigen. Ein nahtloser Anschluss ohne Farb- und Texturunterschied ist kaum zielsicher möglich.

2.3.4.2 Senkrechte Arbeitsfugen

An der Abschalung einer Stirnseite eines Wandabschnitts lässt sich geringer Feinmörtelaustritt kaum vermeiden, da die Bewehrung aus statischen Gründen durchgeführt wird und diese kleinteilige Schalarbeit nie ganz dicht ausgeführt werden kann. Allerdings kann im vorderen Bereich bis zur vordersten Bewehrungslage mit einem gehobelten Holzbrett glatt abgeschalt werden, sodass sich nach der Betonage des

Bild 2.33: Senkrechte Arbeitsfuge zum bündigen Anbetonieren mit Abdichtungsprofil vorbereitet

folgenden Wandabschnitts eine Arbeitsfuge zeigt, die einem Schalungsstoß nicht unähnlich ist. Allerdings sollte hier sorgfältig mit Schaumstoffprofilen abgedichtet werden, um ein Auslaufen des Betons beim zweiten Betonierabschnitt zu vermeiden.

Alternativ kann auch mit Trapezleisten gearbeitet werden. Allerdings sollten diese Leisten eher schmal (Größenordnung vorne 2 cm) sein, um den Effekt der Schattenfuge zu minimieren. Wichtig ist in diesem Zusammenhang natürlich auch der Betrachtungsabstand. Diese Leisten sollten besser mit einem Kunststofffilm beschichtet sein, um den späteren Ausbau zu erleichtern.

Senkrechte Arbeitsfugen können natürlich auch immer als Sollreißfugen dienen.

Bild 2.34: Senkrechte Arbeitsfuge (Pyramidenspitze) mit schmaler beschichteter Trapezleiste, ausgeführt im Raster der Schaltafeln

2.3.4.3 Waagerechte Arbeitsfugen

Waagerechte Arbeitsfugen werden besonders bei mehrgeschossigen Flächen bzw. in Treppenhäusern wahrgenommen, wenn beim Zwischenpodest diese Arbeitsfugen genau auf Augenhöhe sind. Allerdings werden diese Schattenfugen auch regelmäßig zur Gliederung der Ansichtsflächen benutzt.

Gegenüber den senkrechten Arbeitsfugen kommt hier ein weiterer Punkt zur Überlegung dazu. Beim Einbringen des Betons in eine Wandschalung kann die obere Fläche niemals exakt gerade ausgeführt werden, sodass sich von der Seite betrachtet immer eine Wellenlinie zeigen wird. Das lässt sich durch den Einbau einer Trapezleiste verhindern. Beim Einbau einer Trapezleiste haben die Ausführenden eine Begrenzung für die Einfüllhöhe und im fertigen Zustand überlagert die Schattenfuge den Betonabsatz optisch. Wird die Vertiefung der Trapezleiste mit dem zweiten Betoniervorgang ausgefüllt, erhält man zumindest einen geraden waagerechten Stoß. Allerdings muss dieser Anschluss unterhalb gut abgedichtet werden, der Beton muss ausreichend Feinstanteile enthalten (Vorlauf- oder Fußpunktmischung) und der Beton muss gut verdichtet werden. Dieser Anschlusspunkt ist in dieser Art meist nur schwer sauber auszuführen.

Meist werden bei waagerechten Arbeitsfugen Trapezleisten aber auch eingelegt, um bewusst eine optische Trennung der verschiedenen Betonierabschnitte zu erreichen.

2.3.4.4 Bewegungsfugen

Bewegungsfugen trennen benachbarte Bauteile bzw. Gebäudeteile. Schnittkräfte werden in Bewegungsfugen nicht übertragen und lassen unterschiedliche horizontale und vertikale Bauteilbewegungen zu.

Bild 2.35: Besandetes Fugenmaterial

Typische Bewegungsfugen werden zwischen großen und/oder ungleichen Gebäudeteilen angeordnet, um unterschiedliche Setzungen und andere Bewegungen rissfrei zuzulassen. Daher sind Bewegungsfugen auch immer breiter als Arbeitsfugen, mit einem Fugenmaterial verfüllt und deutlich stärker zu sehen.

Um die optische Wirkung der Bewegungsfugen zu minimieren, sollten die Bauteilkanten scharfkantig ausgeführt werden und das Fugenmaterial sollte oberflächenbündig eingebaut werden. Zusätzlich kann das Verfugungsmaterial (häufig eine dauerelastische Verfugung) farblich an den Sichtbeton angepasst werden. Zusätzlich kann das Verfugungsmaterial besandet werden.

2.3.5 Verschluss von Ankerstellen

Lage und Verschluss von Ankerlöchern ist eines der vom Planer anzugebenden Gestaltungsmerkmale bei der Herstellung von Sichtbetonwänden. Die Anordnung der Ankerlöcher auf einer Fläche ist direkt vom Schalungssystem abhängig (siehe Kapitel 2.1.1). Für den Verschluss der Ankerlöcher gibt es vielfältige Ausführungsvarianten. Dabei können Variationen in der Breite und Tiefe des Verschlusses sowie in der Werkstoffauswahl und Farbe der Konen und Stopfen zur Ausführung gelangen.

2.3.5.1 Aufbau einer Ankerstelle

Schalungsanker haben zwei Aufgaben. Einerseits halten sie die beiden Wandschalungsteile gegenüber dem Frischbetondruck zusammen. Andererseits geben sie beim Zusammenbau der Schalung die gewünschte Wandstärke vor. Bei der Herstellung von Stahlbetonwänden wird der Ankerstahl in einem Hüllrohr geführt, um später wieder verwendet zu werden. Das Hüllrohr verbleibt im Beton. An den Enden des Hüllrohrs werden konisch zulaufende Kunststoffformteile aufgesetzt, die nach dem Ausschalen entfernt werden. Die verbleibenden Konenlöcher werden später mit Verschlusskonen oder Stöpseln aus Faserbeton oder Kunststoff geschlossen. Auch andere Verschlussmaterialien wie Glas oder Stahl sind schon eingesetzt worden.

Um ein Auslaufen der Feinstanteile des Betons an den Ankerstellen zu verhindern, sind verschiedene Punkte zu beachten: Der Frischbetondruck ist durch eine angepasste Betoniergeschwindigkeit zu reduzieren. Dadurch wird ein geringfügiges

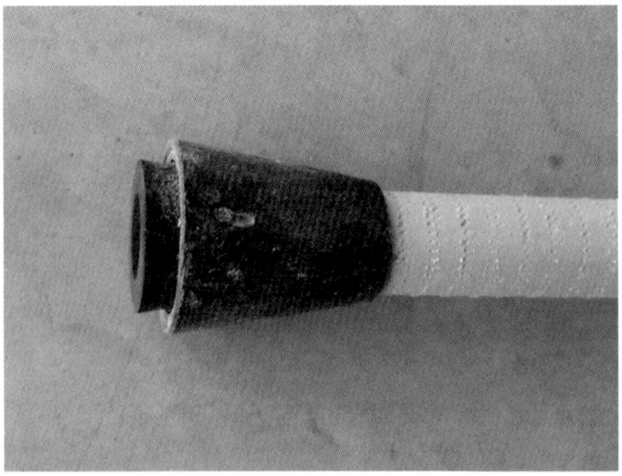

Bild 2.36: Hüllrohr und Kunststoffkonus mit schwarzem Schaumstoffprofil

Auseinanderklaffen der Schalung im unteren Bereich und damit auch ein Auslaufen der Feinstanteile an den Ankerstellen minimiert. Weiterhin sollte die Kontaktfläche der Schalungsanker mit der Schalungshaut durch ein Schaumstoffprofil abgedichtet werden. Dabei ist zu beachten, dass diese Schaumstoffprofile reversibel sind, sich also nach dem Zusammenpressen beim Anziehen der Schalungsanker auch wieder ausdehnen, wenn der Frischbetondruck die Wandschalung etwas auseinanderdrückt. Darüber hinaus sollte eine „robuste" Betonzusammensetzung mit ausreichend Feinstanteilen (Mehlkorn) gewählt und an den Probeflächen ausprobiert werden.

Bild 2.38: Faserbetonstopfen mit ca. 35 mm ø und 5 mm nach hinten versetzt

2.3.5.2 Materialien der Einbauteile

Als Materialien für Hüllrohre kommen Kunststoff und Faserbeton zur Anwendung. Für die Gestaltung ist es letztlich egal, da die Stirnseite eines Hüllrohrs nur in seltenen Fällen zu sehen ist. Bei gleichzeitigen Anforderungen an die Wasserundurchlässigkeit sind Hüllrohre aus Faserbeton von Vorteil, da der Verbund zwischen den beiden mineralischen Baustoffen Faserbeton und Beton deutlich besser ist als zwischen Kunststoff und Beton. Damit verbunden ist eine größere Sicherheit gegen einsickerndes Wasser.

Bild 2.37: Kunststoffkonen unterschiedlicher Größe

Auf beide Arten von Hüllrohren werden während der Schalungsphase Kunststoffkonen unterschiedlicher Tiefe und Durchmesser aufgesteckt. Da diese Konen nach dem Ausschalen entfernt werden, wird hier letztlich das Platzangebot für den späteren Verschluss vorgegeben.

2.3.5.3 Verschlussvariationen

Die im Beton verbleibenden konischen Vertiefungen können mit Verschlusskonen unterschiedlicher Durchmesser, Farben und Oberflächenqualitäten verschlossen werden. Über die Schattenwirkung und die Farbe der Konen im Vergleich zum umgebenden Beton können die Ankerstellen betont oder in ihrer Wahrnehmung reduziert werden. Eine häufig eingesetzte Ausführungsvariante ist der Verschluss mit einem um einige Millimeter nach hinten versetzt Faserbetonstopfen. Dadurch entsteht eine Schattenwirkung, die die Ankerstelle optisch betont.

Bild 2.39: Einsatz dieses Ankerverschlusses im Steinskulpturenmuseum in Bad Münster am Stein/Ebernburg

Bild 2.40: Faserbetonstopfen Oberflächen bündig mit seitlicher Schattennut

Bild 2.41: Einsatz dieses Ankerverschlusses in einem Bürogebäude

Möglich sind auch Faserbetonstopfen mit einer eingefrästen Nut, sodass die Oberfläche bündig ist, aber trotzdem eine Schattenfuge entsteht.

In manchen Fällen werden die konischen Vertiefungen von Spannstellen mit einem Mörtel zugespachtelt. Diese Methode kann problematisch sein. Die Farbe des Mörtels lässt sich nur sehr schwer an die Farbe des umgebenden Betons angleichen. Allerdings kann ein Farbunterschied natürlich auch gewollt sein. Beim flächenbündigen Abspachteln der Ankerstellen kann ein Verziehen des Mörtels auf die Betonfläche zu einem unregelmäßigen Erscheinungsbild führen, was als unsauberes Arbeiten empfunden werden kann. Besser ist es, den Mörtel mit einer Kugel auszurunden. Das

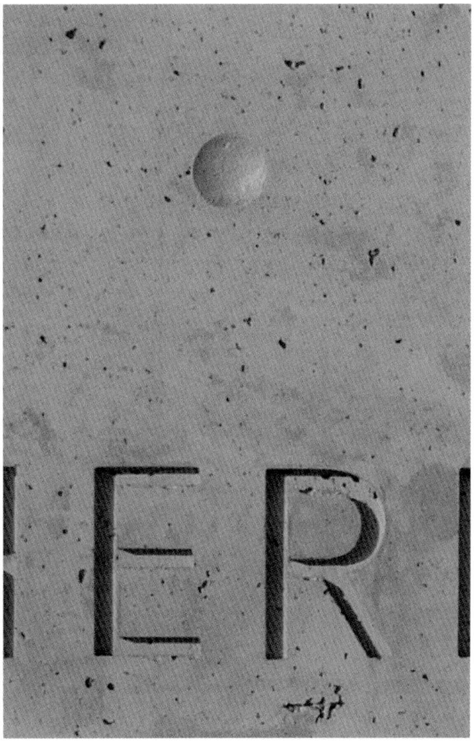

Bild 2.42: Gespachtelte und mit einer Kugel ausgerundete Ankerstelle oberhalb der Buchstaben „ER"

Bild 2.43: Flächenbündig geschlossene Ankerstelle mit vier Vertiefungen zur Bildung eines Kreuzes, St. Canisius Kirche, Berlin

Bild 2.44: Ankerstelle mit einem schwarzen Metallstab, Staatstheater Darmstadt

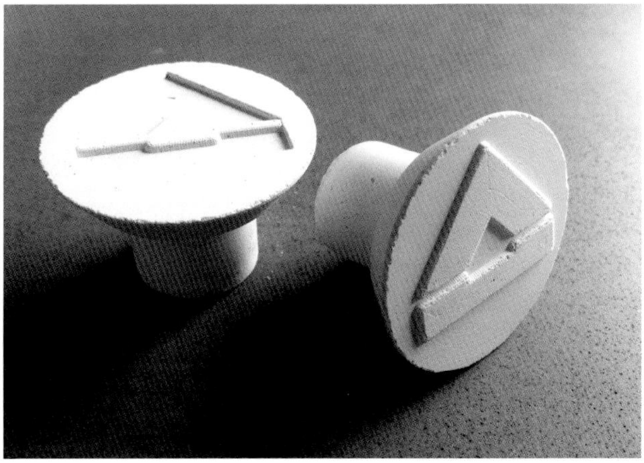

Bild 2.45: Faserbetonstopfen mit eingelassenem und erhabenem Logo (Bild: Maro GmbH)

Bild 2.46: Faserbetonstopfen mit Metalldeckplatte und Wappen (Bild: Maro GmbH)

Bild 2.47: Faserbetonstopfen, flächenbündig, Gesamtfläche durch Stocken überarbeitet

kann ein Tennisball sein; dann wirkt die Ausrundung durch den Filz etwas rauer. Es kann aber auch eine glatte Kugel verwendet werden. Durch die Rundung entsteht wiederum eine Schattenwirkung, die die Ankerstelle geringfügig von der umgebenden Betonoberfläche unterscheidet. Die Ankerstelle wird nicht betont, sondern zeigt sich zurückhaltend.

Mit ein wenig Fantasie lassen sich sehr viele Verschlussvarianten ausführen.

2.4 Trennmittel

Die Auswahl und der Einsatz von Trennmitteln haben auf das Qualitätsergebnis vor allem an glatten Sichtbetonflächen einen maßgebenden Einfluss. Dies ist die praktische Erfahrungslage bei Polieren, Bauleitern und anderen Fachleuten, die sich lange und intensiv mit der Herstellung glatten Sichtbetons befasst haben. Die Erkenntnisse aus einem deutschen Verbundforschungsprojekt zu den Wechselwirkungen zwischen Schalungshaut und Betonoberfläche bestätigen diese Praxisbeobachtungen.

Die grundsätzliche Aufgabe eines Trennmittels für Beton- und Stahlbetonbauteile ist, eine mechanische oder chemische Verbindung zwischen der Betonoberfläche und der Schalungshautoberfläche wirksam zu verhindern oder zu vermindern und das leichte und schadlose Entformen (Entschalen) des Betonbauteils sicherzustellen. Zunächst ist festzustellen, dass der erst frische, dann erstarrende und erhärtende Beton vor allem Kontakt mit dem Trennmittelfilm und nur indirekt Kontakt mit der Schalungshaut hat. Da die Flächenqualität überwiegend in dieser Erstarrungs- und Erhärtungsphase des Betons entsteht, ist der Einfluss des Trennmittels auf das Aussehen der Betonfläche nicht zu unterschätzen.

Trennmittel können jedoch, je nach den Randbedingungen ihres Einsatzes, auch unerwartete und in ihrer Ursache schwer oder nicht erkennbare Effekte verursachen – und zwar auch dann, wenn sie beim „letzten Einsatz hervorragend funktioniert haben". Sie können z. B. eine schalungs-, also oberflächennahe Luftporenbildung zuverlässig verhindern oder diese intensiv unterstützen. Trennmittel können chemisch völlig „inert", also reaktionsfrei, mit allen umgebenden Stoffen sein oder sich bei Kontakt mit dem frischen Beton unter den herrschenden chemischen Bedingungen völlig „auflösen". Bei manchen Trennmitteln beruht die trennende Wirkung selbst auf derartigen chemischen Reaktionen. Trennmittel können aber noch eine ganze Reihe anderer Effekte verursachen und die meisten Mittel machen letztlich von jedem etwas, je nach Produkt jedoch in völlig unterschiedlichen Gewichtungen. Trennmittel sind zur Herstellung hochwertigen Sichtbetons sehr wichtige, in ihrem Einfluss auf das Flächenbild aber kaum prognostizierbare Sekundärstoffe, deren Brauchbarkeit unter den jeweiligen örtlichen baustofflichen und baubetrieblichen Bedingungen geprüft und nachgewiesen werden muss. Die Feststellung der Tauglichkeit eines Trennmittels ist also ein wesentliches Ergebnis der Versuche an Erprobungsflächen.

An glatten Sichtbetonflächen ist das Gestaltungsziel im derzeitigen architektonischen Trend meist die möglichst maximale Makellosigkeit der entstehenden Flächen. Theoretisch vervielfältigen sich bei einer derartigen Bauaufgabe auch die Anforderungen an das Trennmittel, allerdings kann man Trennmittel nicht nach dem Aussehen der fertigen Sichtbetonflächen her- oder bestellen. Der Ausführende hat die Aufgabe, aus dem schwer übersehbaren Angebot an Trennmitteln das für die vorliegende Bauaufgabe geeignete Mittel zu finden. Hierzu kann letztlich jedoch nur nach Erfahrung und/oder Versuchsergebnissen entschieden werden. Aufgrund vorhandener Erfahrungen werden die Materialkandidaten für die Versuche festgelegt, aber erst anhand der Versuchsergebnisse kann das letztlich richtige Mittel ausgewählt werden.

Die häufige Klassifizierung von Trennmitteln in hydrophile (wasseranziehende) und hydrophobe (wasserabweisende) Trennmittel gibt bei der Auswahl nur wenig Orientierung, da mit beiden Wirkungsgruppen gute und weniger gute Ergebnisse möglich sind. Aus der Tradition heraus sind Trennmittel (Schalöle) wasserabweisende öl-, fett- oder wachsartige organische Stoffe. Die hydrophilen Trennmittel sind relativ junge Entwicklungen umweltverträglicher und biologisch abbaubarer Produkte, die zu großem Teil aus natürlichen Pflanzenölen hergestellt werden. Vor allem öffentliche Auftraggeber schreiben die Verwendung lösemittelfreier und umweltverträglicher Trennmittel zunehmend vor und erzeugen damit einen wachsenden Bedarf an diesen Produkten. Die vertragliche Festlegung auf diese Produkteigenschaften kann die Auswahl des Trennmittels jedoch erheblich einschränken. Zwar zeigen viele der hydrophilen Produkte im kurzzeitigen Versuchseinsatz gute Ergebnisse, jedoch kann die baubetriebliche Robustheit für einen Einsatz im Ortbetonbau aus den nachstehenden Gründen eingeschränkt sein:

- Niederschläge jeder Art können den Trennmittelfilm teilweise lösen und seine Wirksamkeit unkontrollierbar verändern.

- Die Trennmittel sind meist nur beschränkte Zeit lagerfähig und reagieren empfindlich auf Hitze und Frost. Geöffnete Gebinde müssen meist rasch verbraucht werden.

- Die biologische Abbaubarkeit bedingt immer eine Neigung zur mikrobiologischen Besiedlung und Veränderung des Trennmittelfilms, die sich im Allgemeinen jedoch erst bei längerer Liegezeit der Schalungshaut auf die Trennwirkung und die Oberflächenqualität auswirken kann. Kurzfristige Veränderungen des Trennfilms sind bei warmer und feuchter Witterung und/oder intensiver Sonneneinstrahlung möglich.

Aus den genannten Gründen ist es meist hilfreich, in Abstimmung mit dem Aufraggeber auch den Einsatz traditioneller Trennmittel allein zur Herstellung der Sichtbetonflächen zu erwirken und vertraglich freigeben zu lassen, um bereits bei den Versuchen und Erprobungen die Trennmittel möglichst uneingeschränkt nach eigenen Erfahrungen und geprüfter Eignung auswählen zu können.

Viele Trennmittel werden als wässrige Emulsionen angeboten, darunter auch die meisten der vorgenannten hydrophilen und biologisch abbaubaren Varianten. Diese Mittel müssen nach dem Auftrag auf die Schalungshaut zunächst ablüften und bilden danach einen sehr dünnen, nahezu nicht klebrigen Trennfilm, der auch durch „Anfassen" kaum zu erspüren ist. Der Trennmittelfilm ist relativ fest und nicht klebrig, was eine gewisse Robustheit gegen Überdosierungen bewirkt und diese Mittel für den Einsatz an Deckenuntersichten besonders geeignet macht, da z. B. von der Bewehrung abgefallene Rostpartikel und andere trockene, feste Verschmutzungen nicht am Trennfilm kleben und mit einer Druckluftreinigung weitgehend entfernt werden können.

Feste, dünne und wenig klebrige Trennfilme ergeben auch Produkte, die aus harten Trennwachsen bestehen, welche in organischen Lösemitteln gelöst sind. Diese Mittel sind wegen des frei in die Atmosphäre ablüftenden Lösemittels ökologisch und hinsichtlich der zu beachtenden Arbeitsschutzmaßnahmen ungünstig, ergeben aber sehr dauerhafte und widerstandsfähige, wachsharte Trennfilme. Derartige Trennmittel werden oft auf Schalungsmatrizen oder anderen Sonderschalungen vor allem in Fertigteilwerken eingesetzt.

Im praktischen Baubetrieb hat sich gezeigt, dass die nötige Sorgfalt bei der Behandlung und Vorbereitung der Sichtbetonschalung nur durch entsprechende organisatorische Voraussetzungen sicher erreicht werden kann. So sollte die Bearbeitung der Schalungshaut für Sichtbetonbauteile räumlich und personell streng von anderen Arbeitsbereichen und -abläufen getrennt und festgelegten Ablaufroutinen unterstellt werden. In der baubetrieblichen Planung erscheint dies zunächst aufwendig, im Fortgang der Arbeiten ergibt sich jedoch rasch ein sehr wirtschaftliches und qualitätsrobustes Verfahren, dass für alle Arten widriger Einflüsse Qualitätsreserven bereit stellen kann. Nachfolgend werden die wichtigsten Punkte dargestellt:

1. Die gesamte Bearbeitung der Sichtbetonschalung bzw. -schalungshaut geschieht in einem eigenen, von anderen Arbeitsprozessen abgetrennten Areal, das ausreichend bemessen sein muss.
2. Das mit der Lagerung, Vorrichtung, Reinigung, Reparatur und dem Trennmittelauftrag befasste Personal wird intensiv vorgeschult (ggf. auch durch die techni-

sche Betreuung des Schalungshautherstellers). Alle Arbeitsabläufe und Materialien werden festgelegt. Der Einsatz ungeschulten Personals ist zu vermeiden.

3. Die Reinigung und ggf. Reparatur der Schalung sowie der Trennmittelauftrag erfolgen grundsätzlich in horizontaler Lage der Schalungshaut. Wandelelemente werden hierzu „in Waage“ gelegt.
4. Alle Sichtbeton-Schalelemente eines Bauteils werden in einem Zug vorbereitet. Die sogenannten Stellschalungselemente einer Wand werden nach dem Trennmittelauftrag sukzessive versetzt. Die erst nach Abschluss der Bewehrungsarbeiten benötigten Elemente der sogenannten Schließschalung werden nach dem Trennmittelauftrag vollflächig mit einem sauberen Geotextil (UV-Schutz) und darüber einer PE-Folie (~ 0,3 mm, Niederschlag- und Staubschutz) abgedeckt und so geschützt bis zum Einsatz gelagert.
5. Der Trennmittelauftrag erfolgt möglichst sparsam auf die schonend, aber gut gereinigte Schalungshaut. Hierbei sind Überschüsse (Lachen, Pfützen) in jedem Falle zu vermeiden. Der Erstauftrag des Trennmittels kann mit beliebigem Verfahren erfolgen. Nach dem Auftrag des Trennmittels wird dieses mit handelsüblichen saugfähigen Wischmobs oder mit tuchumhüllten Schrubbern auf der Schalungshaut verteilt. Hierbei muss jede Stelle der Schalungshaut bearbeitet werden. Durch die saugenden Reinigungstextilien wird solange Trennmittel von der Schalungshaut entfernt, bis der dünnstmögliche Trennfilm erreicht ist. Der letzte Arbeitsgang erfolgt nach Ablauf der vorgeschriebenen Ablüftzeit des Trennmittels mit einem trockenen, saugfähigen Lappen. Fertige Schalelemente, die

Bild 2.48: Maschinelle Verteilung des aufgetragenen Trennmittels (Bild: Holcim)

nicht sofort versetzt werden, werden wie unter 4. beschrieben geschützt gelagert.

Das unter Punkt 5. aufgeführte Verfahren der Herstellung eines möglichst dünnen, homogenen Trennmittelfilms ist entscheidend für die Qualität der entstehenden Sichtbetonflächen und sollte unbedingt beachtet werden.

2.5 Bewehrung

Das Verlegen der Bewehrung an Sichtbetonbauteilen erfordert besondere Aufmerksamkeit. Bereits im Kapitel 1 wurde der Planer auf die Beachtung einer für den störungsfreien Einbau des Betons ausreichende Betondeckung an Wandbauteilen hingewiesen, die vor allem an Innenbauteilen aufgrund der geringen normativen Anforderungen für die Verarbeitung eines Größtkorns von 16 mm etwa 35 mm betragen sollte. Nicht weniger wichtig ist es, die Betonierbarkeit des Bauteils ohne besondere Erschwernisse des Einbaus und ggf. der Verdichtung des Beton sicherzustellen. Der Ausführende sollte die ihm übergebenen Ausführungspläne sehr genau daraufhin prüfen, ob die dort angegebenen Betondeckungen den Mindestabmessungen für Sichtbeton entsprechen und ob ausreichend Einfüllöffnungen und Rüttelgassen vorgesehen wurden. Wenn der Mindestabstand zwischen Schalungshaut und der nahestliegenden Bewehrungslage unterschritten oder der Betoneinbau erschwert ist, sollte frühzeitig, also vor der Beauftragung der Bewehrung und dem Einkauf der Abstandhalter, mit dem Auftraggeber (Tragwerksplaner) über eine Änderung der Bewehrungsführung verhandelt werden. An den meisten Wandbauteilen des üblichen Hochbaus ist eine geringe Erhöhung der planmäßigen Betondeckung möglich.

Abstandhalter müssen für die Herstellung von Sichtbetonflächen geeignet sein.

Die üblicherweise an Stahlbetonbauteilen verwendeten Abstandhalter aus Kunststoff oder anderen Materialien sind nicht in allen Fällen auch für Sichtbetonflächen geeignet. Üblicherweise werden für Sichtbetonflächen Abstandhalterelemente aus Faserzement mit möglichst kleinen, runden Aufstandspunkten auf der Schalungshaut eingesetzt. In jedem Falle ist die Auswahl der Abstandhalter jedoch anhand der Versuchsergebnisse an den Erprobungsflächen vorzunehmen.

2.5.1 Deckenuntersichten

Besondere Aufmerksamkeit verlangt die Auswahl von Abstandhaltern für Sichtbetonflächen an Deckenuntersichten. In der Praxis werden diese Abstandhalter meist ohne Beachtung der Sichtbetonanforderungen ausgewählt. Da Sichtbetonflächen an Untersichten oft massenmäßig nachrangig sind, werden hierzu meist auch keine Erprobungsflächen hergestellt oder Vorversuche durchgeführt. Qualitätsabweichungen aufgrund der Verwendung falscher Abstandhalter können im Allgemeinen nur durch einen betonkosmetischen Fachbetrieb und mit großem Kostenaufwand nachgebessert werden.

Die Bewehrungsarbeiten an horizontalen oder geneigten Bauteilen mit Sichtbetonuntersichten sind besonders anspruchsvoll und erfordern in der baubetrieblichen Planung und Umsetzung der Bewehrungsarbeiten besondere Sorgfalt und die Anordnung einer Reihe präventiver Maßnahmen zur Absicherung der geforderten Oberflächenqualität. Dies gilt auch dann, wenn das bisherige Vorgehen an den Wänden bereits zu guten Flächenergebnissen geführt hat.

Eine häufige Abweichung an Sichtbetonuntersichten sind bräunliche Rostflecken. Diese entstehen durch den Einbau korrodierter Bewehrung in die Deckenschalung auf unterschiedliche Weise:

- Bei den Verlegearbeiten rieseln lose oder abgeriebene Rostpartikel auf die Schalungshaut.
- Beim Abtropfen von Niederschlagswasser von den Bewehrungsstählen werden grobe und feine Rostpartikel mitgerissen und gelangen ebenfalls auf die Schalungshautoberfläche.

Auf öligen Trennmittelfilmen können diese Rostpartikel anhaften und sind durch übliche Reinigungsmaßnahmen (Drucklufteinigung) nicht mehr vollständig entfernbar (siehe auch Kapitel 2.4 *Trennmittel*). Beim nachfolgenden Betonieren werden diese Rostpartikel vor der Einbaufront des frischen Betons hergeschoben und in bestimmten Bereichen auf der Schalungshaut konzentriert. Diese Bereiche sind an den entstehenden Sichtbetonflächen als mehr oder weniger intensive Braunverfärbungen sichtbar.

Verunreinigungen und Beeinträchtigungen der Schalungshaut von Untersichten sind, abgesehen von Witterungseinflüssen, durch die Arbeitsabläufe des Schalens und Bewehrens möglich, da ein großer Teil des Personals sich bei diesen Arbeiten unmittelbar auf der Schalungshaut bewegt, auf ihr (in Arbeitsschuhen) läuft und mit Werkzeugen, Krangehängen und anderen Betriebsmitteln hantiert. Die Schalung ist bei diesen Arbeiten bereits abschließend zum Betonieren vorbereitet und bis zum Einbringen des Betons für Reinigungsarbeiten oder für eine

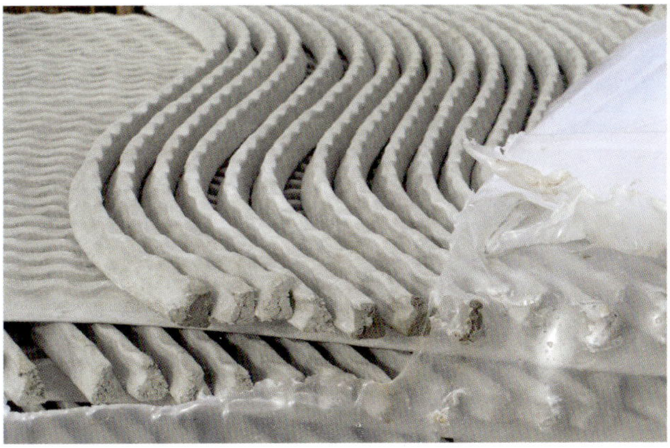

Bild 2.49: Faserzementschlangen als Abstandhalter

Bild 2.50: Sichtbetonuntersichten mit Faserzementschlangen als Abstandhalter...

Bild 2.51: ... und zusätzlicher Verschmutzung durch unsaubere Arbeitsschuhe

Nachbesserung des Trennmittelfilms nicht mehr zugänglich. Alle Beschädigungen, Arbeitsspuren, Verschmutzungen etc., die der Schalungshaut im Zuge dieser Arbeiten zugefügt werden, werden also auch die Sichtbetonoberfläche mehr oder weniger beeinträchtigen.

Die Gefahr einer nachhaltigen Beschädigung oder Verschmutzung der Schalungshaut ist bei den genannten Gewerken stets groß. Es ist deshalb wichtig, auch Nachunternehmer über die Qualitätsziele zu informieren und sie bei den Bewehrungsarbeiten zu entsprechender Sorgfalt zu verpflichten. Vor allem bei hohen Anforderungen an die Sichtbetonuntersichten wird es in jedem Falle erforderlich werden, die Arbeiten auf der Deckenschalungshaut detailliert zu organisieren und gesondert durch Aufsichtskräfte zu leiten und zu überwachen. Ein mögliches Vorgehen, um eine geringe Beeinträchtigung der Schalungshaut sicherzustellen, wird in den nachfolgenden Punkten dargestellt:

- Zunächst ist die Schalungshaut der Decke nur in nötigen Fällen zu betreten. Das Personal zur Vorrichtung der Deckenschalung muss sich meist nicht zwangsläufig auf der Schalung aufhalten, lediglich der Anbau der seitlichen Abschalung oder Arbeiten zur Abdichtung der Elementfugen können es erfordern, dass Schalungspersonal auf der Schalungshaut arbeitet.

- Bei den Bewehrungsarbeiten kann das Personal in Personen auf und abseits der Schalungshaut aufgeteilt werden. Auf der Schalungshaut arbeitendes Personal erhält Filzüberschuhe oder saubere Arbeitsschuhe, die mit weichen Lappen aus rutschhemmenden Material umhüllt werden und beim Verlassen der Schalungshaut abgelegt werden.

- Bewehrung wird möglichst nicht auf bereits liegender Bewehrung bewegt und vor allem nicht auf der Schalungshaut abgelegt oder zwischengelagert. Bewehrungsmatten werden im Krangehänge ausgerichtet und „reibungsfrei“ abgelegt, Kleinteile wie Bügel etc.

können auf einer Arbeitsplatte (saubere Schalplatte, auf Kanthölzern aufgelegt) zwischengelagert werden.

- Das Verlegepersonal betritt auch die fertige Bewehrung nicht oder möglichst wenig. Beim Betonieren bewegt sich die Betonierkolonne auf der oberen Bewehrungslage möglichst innerhalb oder über bereits betonierten Bereichen und führt von dort aus den Pumpenschlauch und die Verdichtungsgeräte.
- Der Einsatz eines Trennmittels mit nicht klebendem Trennfilm erleichtert die Endreinigung der Schalung mit Druckluftlanzen (siehe Kapitel 2.4 *Trennmittel*)

2.6 Betonarbeiten

2.6.1 Arbeitsorganisation und Sichtbetonteam

Die Arbeitsorganisation der Betonierarbeiten beginnt bei der Auswahl des Lieferwerks. Da jedoch die Vorgaben zur Betonzusammensetzung, die Bevorzugung eines farblich passenden Bindemittels und Wirtschaftlichkeitsaspekte bei der Wahl eines Transportbetonlieferanten eine Rolle spielen können, besteht die Gefahr, dass wichtige Belange des Baubetriebs bei der Festlegung des Lieferwerks nachrangig betrachtet werden. Es gibt jedoch einige baubetriebliche Kriterien, die seitens des Lieferwerks gegeben sein müssen und zu prüfen sind:

- Die nötige Lieferkapazität zur Bedienung der maximalen Einbauleistung der Baustelle (m^3/h) sollte jederzeit erfüllbar und schriftlich vereinbart sein. Dies ist für übliche Hochbauprojekte im Allgemeinen gegeben, jedoch können an großen Deckenbauteilen Engpässe möglich werden, da Decken oft mit mehreren Fördergeräten (Pumpen, Kränen) gleichzeitig angedient werden und weit höhere Lieferleistungen erfordern können. Eine planmäßige Zulieferung aus zwei Werken ist, ungeachtet der bereitzustellenden Notfallversorgung aus einem Ersatzwerk, bei Sichtbetonbauteilen möglichst zu vermeiden.
- In der geplanten Bauzeit der Sichtbetonarbeiten sollte das gewählte Lieferwerk nicht bis an die Grenze seiner Kapazitäten ausgelastet sein und genug „Dispositionsspielraum" haben. Die gleichzeitige Bedienung mehrerer Bauvorhaben mit unterschiedlichen Beton- und Mörtelsorten verträgt sich erfahrungsgemäß schlecht mit der Versorgung einer Sichtbetonbaustelle, die auf große Gleichmäßigkeit in den Frischbetoneigenschaften und bei der Lieferkontinuität angewiesen ist.

- Die maximale Fahrzeit vom Transportbetonwerk zur Baustelle sollte auch zu Zeiten hoher Verkehrsdichte nicht viel länger als 30 Minuten betragen. Fahrwege und Umgehungsalternativen sollten allen Beteiligten klar sein.

Wenn das Lieferwerk feststeht, sollte ein sogenanntes Sichtbetonteam unter der Leitung der technischen Bauleitung des Ausführenden zusammengestellt werden, das die wichtigsten Organisations- und Abstimmungsaufgaben übernimmt sowie Verantwortlichkeiten, Abläufe und Termine festlegt und verteilt. Im Sichtbetonteam sollten mindestens vertreten sein:

- Seitens des Ausführenden: die technische Bauleitung und alle mit sichtbetonrelevanten Arbeiten befassten Aufsichtkräfte sowie, soweit vorhanden, ein interner oder ein vertraglich verpflichteter externer Sichtbetonfachmann

- Seitens der Bauherrenvertretung: die technische und die gestalterische Bauleitung der Bauherrenvertretung (meistens Architektur- bzw. Ingenieurbüro)

- Seitens des Betonherstellers: der Betontechnologe des Lieferwerks

Das Sichtbetonteam sollte erstmals spätestens sechs Wochen vor der Herstellung der ersten Erprobungsflächen zusammentreten, um das technische Vorgehen und die eingesetzten Materialien festzulegen. Diese Frist ist notwendig, um evtl. erforderliche Erstprüfungen zu den vorgesehenen Betonzusammensetzungen durchzuführen. Zu allen baubetrieblichen Verfahren und den Materialien hat der Ausführende das Vorschlagsrecht, die Betonzusammensetzung wird sinnvoll durch das Transportbetonwerk anhand der normativen Festlegungen und der Sichtbetonanforderungen vorgeschlagen. Hierbei erfolgt auch die Abstimmung mit dem Planer über die gewünschte Farbtongebung der Sichtbetonflächen und den hierzu einzusetzenden Zement.

Zur Organisation des Betonierablaufs gehört auch ein Minimum an persönlicher Vertrautheit zwischen den Hauptbeteiligten. Auch dies kann durch frühzeitiges und im Weiteren regelmäßiges Zusammenkommen des Sichtbetonteams erreicht werden. Das maßgebende Baustellenpersonal (Bauleiter, Poliere, Aufsichtskräfte) und das Dispositions-, Misch-, Fahr- und Laborpersonal des Transportbetonwerks sollten die Arbeitsumstände des jeweiligen Gegenübers zumindest in groben Zügen kennen. An alle Mitglieder des Sichtbetonteams, ggf. aber auch an andere Beteiligte sollte eine komplette Aufstellung der beteiligten Personen, ihrer Funktionen und ihrer Kontaktdaten (Telefonnummern, e-Mail-Adressen etc.) verteilt werden. Die einzelnen Hauptansprechpartner und -verantwortlichen für Betonbestellungen, Qualitätsfragen, Störfälle etc. sollten festgelegt und bekannt sein. Insbesondere sollte beim ersten Treffen des Sichtbetonteams zu folgenden Sachverhalten beschlossen bzw. informiert werden:

- Ansprechpartner und Verantwortlichkeiten

Bild 2.52: Frischbetonprobenahme aus dem Pumpentrichter (Bild: BetonBild)

Bild 2.53: Prüfen der Betonkonsistenz mit dem Ausbreitmaß (Bild: BetonBild)

- Geplante Materialvarianten bei der Herstellung der Erprobungsflächen (Schalungshaut, Trennmittel, Betonzusammensetzung)

- Zeitliche Organisation der Arbeiten, Informationsroutinen

- Formelles Verfahren zur Betonbestellung (Formblatt mit Angabe von: Rezepturnummer, Gesamtbestellmenge, angestrebte Liefer- bzw. Einbauleistung, gepl. Betonierbeginn und -ende, Einbauort, ggf. tagesaktuelle Konsistenzbestellung, ggf. Rezepturnummer, Menge und Lieferzeit einer Anschlussmischung, Eintreffen und Aufstellzeit der Betonpumpe etc.)

Anders als die Organisationsaufgaben des Sichtbetonteams ist die organisatorische Vorbereitung des Betoneinbaus alleinige Angelegenheit der Baustelle. Bei den Vorbereitungen zur Herstellung eines Bauteils mit hochwertigen Sichtbetonflächen ist vor allem auf Ablaufsicherheit zu achten, d. h. ein nachfolgender Leistungsteil sollte erst eingeleitet werden, wenn sichergestellt ist, das alle Vorarbeiten fertig gestellt und alle Randbedingungen erfüllt sind. Der Schlüsselvorgang ist hierbei der Beginn der Herstellung der ersten Betoncharge – ab diesem Moment sind alle nachfolgenden Abläufe der Fahrzeugbeladung, des Eintreffens des Betons auf der Baustelle und der Beginn des Betoneinbaus in einem engen Zeitfenster festgelegt und nur noch in engen Grenzen verschiebbar.

In der alltäglichen Baustellenpraxis ist oft zu beobachten, dass bei der Organisation von Betonierarbeiten z. T. erhebliche Fertigstellungsrisiken an Vorgewerken in Kauf genommen werden, um Leerlaufzeiten zu minimieren. So wird bei Eintreffen des ersten Betons auf der Baustelle oft noch an Bewehrung und Schalung gearbeitet, die Betonierkolonne befindet sich noch nicht am Einbauort, die Verdichtungsgeräte und Einbauwerkzeuge stehen nicht bereit. Auf diese Weise werden die Dispositionszeiten der Einzelgewerke dem Transportbetonlieferanten als Wartezeiten aufgetragen, was für die Baustelle zwar eine Zeitersparnis, aber auch erhebliche Ablaufrisiken bedeutet. Die Fertigstellung von Schalung und Bewehrung kann sich unerwartet verzögern oder, etwa bei einem Mess- oder Biegefehler, mit verfügbaren Mitteln und Materialien gar nicht sachgerecht möglich sein. Durch Zeitdruck werden Arbeitsfehler provoziert, wie etwa schlecht oder ungleich gespannte Wandanker oder mangelhafte Abdichtung der Schalung o. Ä. Wichtige Werkzeuge, wie etwa Verdichtungsgeräte, können sich bei mangelnder Vorbereitung als defekt, in zu geringer Anzahl vorhanden oder für die Bauaufgabe als unpassend herausstellen.

Bei der Herstellung von Bauteilen mit Sichtbetonanforderungen können bereits geringe Verzögerungen oder Abweichungen vom geplanten Vorgehen zu sichtbaren Beeinträchtigungen der Flächen führen. Ab dem Eintreffen des ersten Betons auf der Baustelle müssen alle baubetrieblichen Arbeiten zuverlässig und mit großer zeitlicher Genauigkeit und Sicherheit ablaufen. Störungen, Verzögerungen und Abweichungen vom üblichen Vorgehen sind meist auch in den Sichtbetonflächen als Qualitätsabweichungen erkennbar.

Zur langfristigen Organisation der Betonierarbeiten an hochwertigen Sichtbetonbauteilen gehört vor allem die Aufstellung und Einteilung der Betonierkolonne. Nach praktischer Erfahrung sind folgende Punkte besonders zu beachten:

- Die Betonierkolonne sollte, zumindest in den Schlüsselfunktionen, aus entsprechend erfahrenem Personal zusammengesetzt sein und möglichst keine personelle Fluktuation aufweisen.

Die Anzahl der Kolonnenmitglieder sollte ausreichend bemessen sein, d. h., dass die Kolonne auch dann noch organisiert und sachorientiert arbeiten kann, wenn ein bis zwei Kolonnenmitglieder den Einbauort für kurze Zeit verlassen.

Die Qualifikation und Erfahrung, und das Handeln der Aufsichtsführenden sind entscheidend für das entstehende Flächenergebnis. Die Kolonnenaufsicht muss in allen Gewerken des Stahlbetonbaus erfahren sein und insbesondere in der Herstellung hochwertiger Sichtbetonflächen vertiefte Kenntnisse haben. Die Aufsichtskräfte sollten zumindest bei den Hauptgewerken Schalen, Bewehren und Betonieren ständig vor Ort sein.

Besondere Aufmerksamkeit ist in Fällen geboten, in denen die Betonierarbeiten durch einen Nachunternehmer ausgeführt werden. Meist leistet der Nachunternehmer alle Betonierarbeiten eines Hochbauprojekts, auch die der Sichtbetonbauteile. Zur Herstellung von Ansichtsflächen der Sichtbetonklassen SB3 und SB4 kann eine solche Konstellation außerordentlich ungünstig sein. Zur Absicherung der vertraglichen Qualität sollten die Sichtbetonarbeiten des Nachunternehmers durch Aufsichtskräfte des Hauptunternehmers kritisch begleitet werden.

2.6.2 Betoneinbau

Der Betoneinbau erfolgt an vertikalen Bauteilen (Wände und Stützen) in gleichmäßigen Lagen. Die optimale Höhe der Einbaulagen sollte bei der Herstellung der Erprobungsflächen ermittelt werden und beträgt meist 30 bis 50 cm. Der Betonierschlauch sollte möglichst in den bereits eingebauten Frischbeton eintauchen, um das Entstehen von angetrockneten Betonspritzern an der Schalungshaut oberhalb der nächsten Einbaulage zu verhindern. Wenn dies nicht möglich ist, sollte die maximale Fallhöhe des Frischbetons in der Schalung maximal der Höhe der Einbaulagen entsprechen. In allen Fällen, in denen der Pumpen- oder Kübelschlauch über Arbeitsbereiche außerhalb des Einbauortes geschwenkt wird, muss das Ende des Schlauchs hochgebogen und befestigt werden um das Herausfallen frischen Betons oder Mörtels auf fertige Bauteile oder Schalung zu verhindern.

Die Verdichtung folgt der Einbaufront in konstantem Abstand (ca. 2 m). Die neue Lage wird erst begonnen, wenn die abgeschlossene Lage im Einfüllbereich ausreichend verdichtet und mit der darunterliegenden Lage „vernadelt" ist.

Bei Betonen der Konsistenzklasse F3 kann der Einflussbereich (Wirkradius) eines Innenrüttlers mit etwa dem Zehnfachen des Flaschendurchmessers angenommen werden. In diesem Konsistenzbereich werden die Rüttelflaschen rasch bis etwa zur Mitte der darunterliegenden Einbaulage eingetaucht und etwas langsamer hoch- und herausgezogen. Die örtliche Rüttelzeit beträgt etwa 20 bis 30 Sekunden.

Bei den fließfähigeren Konsistenzklasse (F4 bis F6) ist der Wirkradius eines üblichen Innenrüttlers nur noch halb so groß, beträgt also etwa das Fünffache des Flaschendurchmessers. Die Rüttelflasche sollte hier rasch eingetaucht und ebenso rasch wieder herausgezogen werden. Die örtlichen Rüttelzeiten sollten nur noch 10 bis 15 Sekunden betragen. Der Innenrüttler wird also rascher aber häufiger, da in erheblicher geringerem Abstand eingesetzt.

Die sichtbaren Wirkbereiche der Rüttelpunkte sollten sich um ca. 25 % überschneiden. Rüttelgeräte müssen stets aufmerksam geführt werden, dürfen also nicht (auch nicht für wenige Sekunden) losgelassen werden. Der Innenrüttler sollte möglichst weder die Schalungshaut noch die Bewehrung berühren, da dies zu Abweichungen an der fertigen Fläche führen kann.

Besondere Beobachtungen beim Betonieren (Konsistenzabweichungen, Wasserabsondern, Regenereignisse, Veränderungen im Aussehen des Frischbetons) sind dem jeweils Verantwortlichen sofort mitzuteilen, möglichst rasch abzustellen und zu dokumentieren. Beton, der augenscheinlich nicht den festgelegten Einbaueigenschaften entspricht, darf nicht eingebaut werden.

Um Mörtelanreicherungen zu vermeiden, werden vertikale Bauteile gefüllt und verdichtet, danach werden etwa die obersten 10 bis 15 cm wieder entfernt, neu aufbetoniert und erneut verdichtet. Alternativ kann, bei entsprechend hoher Schalung, etwa 10 cm über die erforderliche Höhe betoniert und verdichtet werden. Danach wird der überstehende Beton entfernt und die Wandkrone kurz nachverdichtet (sehr kurze Rüttelzeit, Rüttelflasche nur etwa zur Hälfte eintauchen, kurze Rüttelabstände).

2.6.3 Betonkonsistenz und Fließmitteleinsatz

Hinsichtlich der Einbaukonsistenz gibt es keinerlei Vorgaben. Die endgültige Festlegung der Einbaukonsistenz sollte in jedem Falle anhand von Versuchsergebnissen und Praxiserfahrungen erfolgen.

Seit dem Aufkommen der aktuellen Fließmittetechnologie mit Zusatzmitteln auf Basis sogenannter Polycarboxylatether (PCE) ist nahezu jede Betonkonsistenz herstellbar, und zwar unabhängig von Wassergehalt, w/z-Wert und den geforderten Festbetoneigenschaften. Der Ausführende hat also die freie Auswahl zwischen traditionellen Rüttelbetonen der Konsistenzklasse F3, sogenannten *Leichtverdichtbaren Betonen* (LVB) in den Konsistenzklassen F4 bis F6, oder einem *Selbstverdichtenden Beton* (SVB).

Unter diesen Konsistenzbereichen nimmt der Selbstverdichtende Beton eine normative Sonderstellung ein, da seine Herstellung und Verarbeitung nach den Regelungen der DAfStb-Richtlinie „Selbstverdichtender Beton“ [2.04] durchzuführen ist. Die Richtlinie fordert gegenüber üblichen Normalbetonen u. a. erhöhte Prüfungs- und Überwachungsleistungen. Hinzu kommt, dass die Herstellung und Lieferung Selbstverdichtenden Betons meist einen erheblich höheren Aufwand fordert, da gegenüber üblicher Normalbetone mindestens die doppelte Mischzeit erforderlich ist und die Fahrzeuge auch aus transporttechnischen Gründen meist nur etwa zur Hälfte befüllt werden können. Überdies haben Selbstverdichtende Betone einen sehr empfindlichen Wasserhaushalt. Dies erfordert eine hohe Dosiergenauigkeit und -sorgfalt und bedingt eine geringere Robustheit der Betone gegenüber Dosierfehlern, Temperaturschwankungen, Witterungs- und anderen Einflüssen. Aus diesen Gründen hat sich der Selbstverdichtende Beton unter den Produktionsbedingungen üblicher Transportbetonwerke nur in speziellen Anwendungen und in der Herstellung von Betonfertigteilen etabliert.

Bei der Entwicklung von Betonen mit sehr fließfähigen Konsistenzen war der Blick der Entwickler auch stets auf den Einsatz in Sichtbetonbauteilen gerichtet, da der Schluss naheliegt, dass besonders fließfähige Betone auch sehr gute Oberflächenergebnisse ergeben. Diese Erwartung hat sich allerdings nur eingeschränkt bestätigt, was die Erkenntnis belegt, dass die Betonkonsistenz nur ein Faktor unter vielen ist, die letztlich für das Flächenergebnis ausschlaggebend sind.

Grundsätzlich lassen sich mit allen Konsistenzen ab der Klasse F3 hochwertige Sichtbetonflächen herstellen. Allerdings gibt es über die plastischen bis fließfähigen Konsistenzbereiche deutliche Unterschiede in den rheologischen Eigenschaften der Betone und in der Auswahl der Einbau- und Verdichtungsverfahren, die zu berücksichtigen und in Versuchen abzusichern sind. Betone mit Fließmitteln auf PCE-Basis (Konsistenzklasse F4 und höher) zeigen neben einem sehr guten Fließvermögen meist eine ausgeprägte Viskosität. Dem Verarbeiter erscheinen sie oft zähfließend und „honigartig". Dieses Fließverhalten kann die Verdichtbarkeit durch übliche Innenvibratoren (Rüttler) einschränken. In horizontalen Bauteilen (Decken) ist oft kaum Verdichtung erforderlich, in vertikalen Bauteilen (Wände, Stützen) ist ein streng lagenweiser Einbau aufgrund des Fließverhaltens oft nicht möglich, da die Einbaulagen „verfließen". Beim Einbau sehr fließfähiger Betone in vertikale Bauteile sollte die Einfüllstelle trotz des guten Fließvermögens des Betons ähnlich wie bei Rüttelbeton (F3) voranschreitend gewechselt werden, je nach Fließvermögen sind jedoch größere Einfüllabstände möglich als bei Betonen der Konsistenzklasse F3.

Die Betonhersteller greifen die Möglichkeiten der modernen Zusatzmitteltechnologie auf und bieten Leichtverdichtbare Betone der Konsistenzklassen F4 bis F6 aktiv an. Der Einsatz solcher Betone macht es in vielen Fällen möglich, die maximalen Förderleistungen moderner Betonpumpen auszuschöpfen und den Aufwand der Verdichtung zu reduzieren. Es hat sich gezeigt, dass bei der Verwendung Leichtverdichtbarer Betone zur Herstellung großvolumiger oder flächenhafter Bauteile, wie etwa Geschossdecken, weitgehend auf den Arbeitsgang der Verdichtung verzichtet werden kann. Bei vertikalen Bauteilen (Stützen und Wänden) kann ein solches Vorgehen zum Auftreten großer Luftporen an den seitlichen geschalten Bauteilflächen führen. Solche Fehlstellen können die Qualität von Sichtbetonflächen erheblich beeinträchtigen. In den praktischen Vorversuchen ist deshalb vor allem das Verhalten des Frischbetons bei der Verdichtung mit Innenrüttlern zu beobachten. Meist benötigen die sehr fließfähigen Konsistenzen der Bereiche F5 und F6 nur sehr kurze Verdichtungsintervalle. Durch die vibrationsdämpfende Wirkung der viskosen Fließeigenschaften kann eine Verkürzung der Eintauchabstände erforderlich werden.

2.6.4 Betonzusammensetzung

Eine geeignete Betonzusammensetzung ist eine notwendige Voraussetzung zur Herstellung hochwertiger Sichtbetonflächen. Wie in den vorangegangenen Kapiteln gezeigt wurde, gibt es jedoch eine ganze Reihe weiterer Faktoren, die von entscheidendem Einfluss auf das Flächenergebnis sind und in der Summe durchaus überwiegen können.

Die vertragliche Vorgabe von Festlegungen zur Betonzusammensetzung für Sichtbetonbauteile durch den Architekten oder den Tragwerksplaner ist häufig zu beobachten, obwohl dies den Ausführenden oft zu einem technisch abwegigen und zudem erfolglosen Vorgehen zwingt und folgenschwere Auswirkungen auf die vertragliche Verantwortungsabgrenzung haben kann (vergl. Kapitel 1.2 *Aufgaben und Verantwortlichkeiten*). Die Auswahl einer für die Anforderungen der Bauaufgabe geeigneten Betonzusammensetzung ist Teil der baubetrieblichen Arbeitsplanung des Ausführenden und liegt in dessen Verantwortungsbereich (vergl. VOB C, ATV, DIN 18331 *Betonarbeiten*, Abs. 3.2).

Sollte ein Bauvertrag im Einzelfall zwingende, aber im Weiteren unbegründete Vorgaben zur Betonzusammensetzung enthalten (w/z-Wert, Zementgehalt, Gehalte an Zusatzstoffen, Zusatzmittel, Wasser etc.), sollte der Ausführende bereits in der Vorbereitung der ersten Erprobungen eine Befreiung von solchen Vorgaben erwirken, nötigenfalls unter Formulierung technischer Bedenken. Meist stammen solche Vorgaben aus dem Erfahrungs-„Schatz" des Planers und haben keinerlei praktischen Bezug zur vorliegenden Bauaufgabe.

Vertragliche Forderungen oder Vorstellungen des Architekten hinsichtlich der Art und Auswahl des Zements, die unmittelbar mit der gewünschten Farbtönung der Flächen zusammenhängen, sind jedoch in jedem Falle zu beachten.

Aufgrund der Entwicklungen von Betontechnik und -technologie in den zurückliegenden Jahren ist die Vorgabe von Standard- oder Eckwerten zur Betonzusammensetzung für die Herstellung hochwertiger Sichtbetonflächen nicht mehr sinnvoll, da auch höchste Flächenanforderungen mit unterschiedlichsten Betonzusammensetzungen und Frischbetoneigenschaften realisierbar sind.

In der Praxis ist es stets hilfreich, die in Frage kommenden Transportbetonlieferanten zum Angebot geeigneter Betonzusammensetzungen aufzufordern, da bei den Herstellern meist langfristige Erfahrungen über die Eignung ihrer Betone zur Herstellung von Sichtbeton vorliegen.

Die Kriterien, nach denen eine Vorauswahl zwischen den örtlich angebotenen Betonzusammensetzungen erfolgen kann, können wie folgt zusammengefasst werden:

- Stabilität des frischen Betons gegen Sedimentation, insbesondere gegen Wasserabsondern
- Ausreichender Mehlkorngehalt (Zement und Feinstsand, ggf. Zusatzstoffe)
- Geeignete Einbaukonsistenz
- Geeignetes Größtkorn

2.6.4.1 Gesteinskörnungen

Das Größtkorn des Betons ist meist durch die Einbauverhältnisse festgelegt. Im Hochbau wird Sichtbeton üblicherweise mit einem Größtkorn von 16 mm verarbeitet. An großvolumigen, gering bewehrten und horizontalen Sichtbetonbauteilen kann in Einzelfällen der Einbau eines größeren Größtkorns sinnvoll sein, allerdings ist die nächstübliche Prüfkorngröße von 32 mm (31,5 mm) als Größtkorn für Wände und Decken im Hochbau meist zu groß.

Die aktuelle DIN EN 12620 *Gesteinskörnungen für Beton* [2.05], bietet gegenüber früheren Regelwerken eine Reihe von Zwischenkorngrößen an. An stark bewehrten Bauteilen oder als Anschlussmischungen für Wandbauteile können Betone mit 11 bis 12 mm Größtkorn günstiger sein, als die sehr sand- und zementreichen Betone mit einem Größtkorn von 8 mm. Eine weitere, für viele Hochbauanwendungen sehr günstige Kornzusammensetzung kann mit einem Größtkorn von 22 mm hergestellt werden. Diese Zwischenkorngrößen sind normativ vorgesehen, werden jedoch in der Praxis derzeit kaum genutzt.

In Gegenden, in denen als grobe Gesteinskörnungen nur gebrochene Hartgesteine zur Verfügung stehen, kann auch mit Edelsplitten Sichtbeton hergestellt werden. Hierzu sind jedoch im Allgemeinen der Einsatz eines natürlichen Sandes und ein erhöhter Zementgehalt erforderlich. Bei Verwendung von Edelsplitt als grobe Gesteinskörnung sollte in jedem Falle der Einsatz einer sogenannten Ausfallkörnung im Versuch geprüft werden. In internationalen Projekten haben z. B. Kornzusammensetzungen aus Sand (0 bis 4 mm) und Grobkorn (10 bis 20 mm) sehr gute Sichtbetonergebnisse gezeigt.

Bei der Auswahl und Festlegung der Sichtbetonzusammensetzungen für ein Bauvorhaben sollte stets auch eine Anschlussmischung mit geringerem Größtkorn berücksichtigt werden. Anschlussmischungen werden zur Herstellung fehlstellenfreier Bauteilanschlüsse im Fußbereich von Wandbauteilen, bei komplizierten oder stark fragmentierten Schalungsgeometrien und in Bereichen sehr hoher Bewehrungsdichte benötigt. Anschlussmischungen mit verringertem Größtkorn, benötigen einen höheren Zementleimgehalt als gröbere Kornzusammensetzungen. Hieraus resultiert eine insgesamt veränderte Betonzusammensetzung, die u.U. eine Abweichung in der Farbtönung der fertigen Sichtbetonfläche verursachen kann. Deshalb sollte der feinere Beton zumindest mit dem gleichen w/z-Wert konzipiert werden, wie die gröberen Primärbetone. In jedem Falle ist die farbliche Übereinstimmung zwischen Anschlussbeton und den Primärbeton vor dem Einsatz im praktischen Versuch zu bestätigen.

2.6.4.2 Zemente

Hinsichtlich der besonderen Eignung bestimmter Zementarten zur Herstellung von Sichtbeton gibt es nur wenige Erkenntnisse. Aufgrund der vorliegenden Erfahrungen ergibt der Einsatz von CEM II-Zementen (Zemente mit weiteren Hauptbestandteilen) meist qualitätsrobuste und architektonisch ansprechende Flächenergebnisse.

Bei Einsatz von Hüttensand entstehen Zemente der Arten CEM II/A-S, CEM II/B-S oder CEM III/A und CEM III/B. Diese Zemente unterscheiden sich untereinander vor allem im Gehalt an Hüttensand, der bei den CEM II-Zementen zwischen 6 M.-% und 35 M.-% und bei den CEM III-Zementen zwischen 36 M.-% und 80 M.-% variiert. Betone mit hüttensandhaltigen Zementen ergeben oft sehr gute Flächenergebnisse und zeigen zudem eine bei Planern beliebte, sehr helle Farbtönung. Jedoch ist zu beachten, dass diese Zemente nicht in allen Regionen in gleicher Weise verfügbar sind. Ab Hüttensandgehalten von etwa 20 M.-% können, vor allem nach längerer Verweildauer in der Schalung, bläuliche bis türkisfarbene Färbungen auftreten, die jedoch meist nach kurzer Zeit verblassen.

Wenn der Einsatz von CEM III-Zementen erwogen wird, sollte in der Versuchsphase vor allem auf mögliches Wasserabsondern geachtet werden. Wenn der frische Beton bis zum Einsetzen des Erstarrens nach etwa 2 bis 3 Stunden sichtbar Oberflächenwasser absondert, sollte eine Zusammensetzung mit einem geringerem Gesamtwassergehalt versucht oder der Zement durch eine Variante mit höherer Festigkeitsklasse oder einem geringeren Hüttensandgehalt ersetzt werden.

Ebenfalls positive Erfahrungen liegen mit Zementen des Typs CEM II/A-LL oder CEM II/B-LL vor. Diese Zemente enthalten je nach Art bis zu 35 M.-% Kalksteinmehl. Auch diese Zementart ergibt im Allgemeinen hellere Betonflächen

Oft ergeben sich durch den Einsatz von CEM II-Zementen auch baubetriebliche Vorteile. Portlandzemente (CEM I) zeigen meist ein relativ rasches Erstarren und hohe Frühfestigkeiten. Diese Charakteristik kann vor allem in der warmen Jahreszeit zu Problemen führen, wenn Bauteile mit großer Ausdehnung betoniert werden. Durch die raschere und intensivere Reaktion mit dem Anmachwasser hat der zuvor eingebaute Beton beim lagenweisen (Wände) oder segmentweisen (Decken) Betonieren oft bereits einen fortgeschrittenen Hydratationszustand, was zu sichtbaren Schüttlagen in der Betonfläche führen kann. CEM II-Zemente haben dagegen meist ein moderateres Erstarrungsverhalten. Dies unterstützt den gleichmäßigen Einbau und kann bei unplanmäßigen Verzögerungen Reserven bereitstellen.

Wenn keinerlei vertiefte Erfahrungen mit den zur Verfügung stehenden Zementen vorliegen, kann als erstes Auswahlkriterium das Wasserrückhaltevermögen eines Zements herangezogen werden. Dies kann durch Herstellen einfacher Mörtelmischungen (etwa 1 Gewichtsteil Zement : 3 Gewichtsteile Sand) mit den einzelnen Zementen und einem w/z-Wert von etwa 0,60 bis 0,70 ermittelt werden. Die eingesetzten Mengenverhältnisse Zement : Wasser : Sand sind im Grunde frei wählbar, da es sich um einen rein qualitativen Vergleich handelt. Das gewählte Mengenverhältnis muss jedoch, ebenso wie die Mischzeit, für alle Mischungen gleich gehalten und genau verwogen werden. Der Sand sollte dabei grundsätzlich ofentrocken eingesetzt werden.

Nach dem Mischen werden die einzelnen Mörtel in Gefäße gleicher Geometrie (Plastikschüssel) gefüllt, die Oberfläche wird egalisiert und das Gefäß wird abgedeckt (PE-Folie, Frischhaltefolie o. Ä.). Nach einem festgelegten Zeitraum (3 bis 4 Stunden) wird die Menge abgesetzten Wassers auf der Mörteloberfläche beurteilt. Zemente, die bei diesem Versuch die geringste Neigung zum Wasserabsondern zeigen, sollten in den weiteren Versuchen bevorzugt werden. Dieses Verfahren ist sehr einfach, wenig aufwendig und feldtauglich, zeigt aber nicht immer eindeutige Ergebnisse. Doppelbestimmungen erhöhen die Qualität der Versuchsergebnisse.

Bei der Auswahl der Betonzusammensetzung sollte mit Blick auf den jahreszeitlichen Verlauf des Baufortschritts eine flexible Veränderung der Betonzusammensetzung zur Steuerung der Erhärtungscharakteristik möglich sein, ohne dass sichtbare Veränderungen der Farbtönung der Flächen auftreten. Dies ist z. B. möglich, wenn eine Betonzusammensetzung zwei gleichartige Zemente unterschiedlicher Zementfestigkeitsklasse enthält, z. B. einen CEM II-S 32,5 und einen CEM II-S 42,5. Beide Zemente müssen eine möglichst gute farbliche Übereinstimmung haben, was bei Zementen aus dem gleichen Herstellwerk meistens gewährleistet ist. Durch eine graduelle Veränderung der Zugabemengen der Zemente kann die Erhärtungscharakteristik des Betons an die jahreszeitlichen Veränderungen der Außentemperaturen angepasst werden, z. B. nach folgendem Mischplan:

- März – Mai:
  50 % CEM 32,5 + 50 % CEM 42,5

- Juni – August:
  75 % CEM 32,5 + 25 % CEM 42,5

- September – Oktober:
  50 % CEM 32,5 + 50 % CEM 42,5

- November – Februar:
  25 % CEM 32,5 + 75 % CEM 42,5

Andere Mischregime mit feineren, an die tatsächlichen Witterungsverhältnisse oder an wechselnde Frühfestigkeitsanforderungen angepassten Abstimmungen der Zementgehalte sind möglich. Auf diese Weise kann der Beton zur Herstellung von Sichtbetonbauteilen in seinen technischen Eigenschaften an wechselnde Anforderungen angepasst werden, ohne dass sichtbare Veränderungen der Farbtönung der Flächen zu befürchten sind.

Bei der Auswahl einer Betonzusammensetzung zur Herstellung hochwertiger Sichtbetonflächen stellt sich oft die Frage, ob der Einsatz von Steinkohlenflugasche als Zusatzstoff vorteilhaft ist. Hierzu gibt es keine eindeutigen Erkenntnisse. Auch mit dem Einsatz von Flugasche können hochwertige Sichtbetonflächen hergestellt werden, allerdings wird die Farbtönung der Flächen tendenziell meist etwas dunkler. Bei den Erprobungen wird man jedoch immer bestrebt sein, die Anzahl mitwirkender Parameter möglichst gering zu halten. Dies erleichtert im Problemfall die Analyse und die Festlegung von Maßnahmen.

Zur architektonischen Wirkung von Zementen ist auch Kapitel 3.1 zu beachten.

2.7 Ausschalfristen

2.7 Ausschalfristen

In den aktuellen Normen zur Bauausführung von tragenden Beton- und Stahlbetonbauteilen [2.03] sind die Ausschalfristen in Tagen nicht mehr vorgegeben. Es liegt nunmehr allein in der Verantwortung der technischen Bauleitung, den Ausschalzeitpunkt eines Betonbauteils festzulegen.

Ausschalfristen werden üblicherweise aufgrund technischer und baubetrieblicher Erwägungen festgelegt. Sichtbetonanforderungen hatten dabei bisher im Allgemeinen keinen Einfluss auf die Ausschalfristen. Erkenntnisse aus aktuellen Untersuchungen haben gezeigt, dass das Auftreten dunkler Verfärbungen – die häufig in den Wintermonaten auftreten – deutlich verringert oder gar verhindert werden können, wenn Sichtbetonflächen möglichst frühzeitig ausgeschalt werden und so eine rasche Abtrocknung (nicht Austrocknung) der Sichtbetonflächen möglich ist.

Deckenbauteile brauchen eine längere Ausschalfrist um Verformungen zu verhindern. Um hier eine kurze Ausschalfrist umzusetzen, kann man nur die Schalung abschnittsweise entfernen und jeweils sofort unterstützen. Damit es an den Stützenköpfen nicht zu Verfärbungen kommt, können nicht farbverändernde Materialien wie z. B. mehrlagiges Maurervlies eingesetzt werden. Bei hohen Anforderungen an die Sichtbetonqualität sollten dann die Stützen auch nach wenigen Tagen immer wieder geringfügig versetzt werden.

Besondere Aufmerksamkeit ist bei der Verwendung von sogenannten Einmalschalungen aus Pappe mit Innenfolie o. Ä. geboten, wie sie oft für runde oder eckige Stützen eingesetzt werde. Diese Schalsysteme ergeben meist sehr gute Flächenergebnisse. Da sie aber nur einmal eingesetzt werden können, verbleiben sie oft als Nachbehandlungsmaßnahme oder als Schutz vor Beschädigung am Bauteil, manchmal bis zum Ende des Innenausbaus, was mehrere Wochen oder gar Monate dauern kann. Wenn Sichtbetonflächen erst nach einer derart langen Zeit ausgeschalt werden, können sie fleckige oder flächenhafte schwarze Verfärbungen aufweisen, die sehr dauerhaft sein können. Einmalschalungen sollten immer möglichst frühzeitig geöffnet werden, um den Zutritt von Luft und eine Abtrocknung der Oberfläche zu ermöglichen. Geöffnete und „gespreizte", also durch eingelegte Sperren offen gehaltene Einmalschalungen können zur Nachbehandlung mit PE-Folie umschlossen werden und sind auch in geöffneter Form ein guter Schutz gegen Verschmutzung und Beschädigung. Um die geöffnete Schalungshaut auf Distanz zur Betonoberfläche zu halten, können mit PE-Folie umwickelte Hölzer oder Reststücke von Kunststoffrohren zwischen Schalungshaut und Betonfläche eingelegt werden. Es empfiehlt sich, die eingelegten Teile in ihrer Lage zu fixieren, etwa durch Allzweckschrauben oder Ähnlichem.

2.8 Nachbehandlung

Auch Sichtbetonbauteile unterliegen den Normregelungen zur Nachbehandlung. Diese machen keine Vorgaben zu Art und Verfahren der Nachbehandlung und differenzieren die geforderten Nachbehandlungsdauern nach den für das jeweilige Bauteil geltenden Expositionsklassen, also nach den jeweiligen Angriffssituationen aus den Umgebungsbedingungen. Weitere Kriterien zur Bestimmung der Nachbehandlungsdauer sind die Erhärtungscharakteristik des Betons und die Temperaturverhältnisse. Trotz dieser einfachen und klaren Regelungen ist die Wahl der Nachbehandlung von Bauteilen mit Sichtbetonflächen im Einzelfall schwierig, da die Nachbehandlungsmethode Auswirkungen auf das Erscheinungsbild der Betonoberfläche haben kann.

An Innenbauteilen sind die Probleme meist gering, da an solchen Bauteilen üblicherweise die Expositionsklasse XC1 (Karbonatisierung) gilt, die unabhängig von Erhärtungscharakteristik und Temperaturverhältnissen nur einen halben Tag (12 Stunden) Nachbehandlung fordert. Angesichts der Tatsache, dass diese Nachbehandlungsdauer für Betone der Druckfestigkeitsklasse C16/20 bemessen ist, können die Ausschal- und Abtrocknungszeiten angesetzt und die Nachbehandlung meist unmittelbar nach dem Ausschalen als vollzogen betrachtet werden. Schließlich erfordert die Herstellung hochwertiger Sichtbetonflächen Betone mit erhöhten Bindemittelgehalten, die meist allein aufgrund der baubetrieblichen und architektonischen Anforderungen Druckfestigkeiten von mehr als 30 N/mm^2 und eine entsprechend bessere Gefügedichtheit erreichen.

Schwieriger ist die Nachbehandlung von Bauteilen mit Sichtbetonflächen, die frei bewittert sind. Hier gelten üblicherweise die

2.8 Nachbehandlung

Bild 2.54: Nachbehandlung einer Sichtbetonwand

2.9 Ausbildung nicht geschalter Teilflächen

Expositionsklassen XC4 und XF1 (Karbonatisierung und Frost), die eine Festlegung der Nachbehandlungszeiten nach der o. g. Norm erfordern. Zwar ergeben sich aus den Betonzusammensetzungen mit sichtbetonüblichen Bindemittelgehalten und praxisgerechten Einbautemperaturen überwiegend vergleichsweise moderate Nachbehandlungsfristen zwischen einem Tag und sechs Tagen. Dennoch erfordert die Nachbehandlung von Sichtbetonbauteilen auch für wenige Tage eine sachgerechte Planung und sorgfältige Durchführung.

Da an jungen Sichtbetonflächen jeglicher Kontakt mit flüssigem Wasser (auch Niederschlagswasser) unbedingt zu vermeiden ist, kommt als Nachbehandlung nur ein Verdunstungsschutz in Frage, üblicherweise durch Einpacken oder Einhausen in PE-Folie. Da herablaufendes Kondenswasser (Kondensat) auf das Flächenbild die gleiche beeinträchtigende Wirkung haben kann wie weiches Niederschlagswasser, sollte ein geringer Luftaustausch mit der Umgebung erhalten bleiben, um eine schädliche Kondensatbildung zu vermeiden. Aus dem gleichen Grund darf die Folie nicht direkt an der Sichtbetonfläche anliegen, sondern ist mit einigen Zentimetern Abstand zur Bauteiloberfläche anzubringen. Um diese Abstände herzustellen, können Hilfskonstruktionen aus Resthölzern an das Betonteil gelehnt werden und mit Folie belegt werden.

Einhausungen aus PE-Folie sind empfindlich gegen Einflüsse des laufenden Baubetriebs und gegen Witterungseinflüsse wie Wind oder Starkniederschläge. Sie sind deshalb regelmäßig zu prüfen und instand zu halten.

2.9 Ausbildung nicht geschalter Teilflächen

Die Ausbildung einer nicht geschalten Teilfläche ist eines der vom Planer anzugebenden Gestaltungsmerkmale. Dabei handelt es sich um die Seite des Bauteils, über welche der Beton eingefüllt wird und die nicht mit einer Schalungshaut in Berührung kommt. Üblicherweise werden diese Flächen mit einem Holzbrett oder einer Metallkelle abgezogen. Die so erzeugte Oberfläche unterscheidet sich sowohl in der Struktur als auch in der Porigkeit von den geschalten Flächen.

2.9.1 Ortbeton

Beim Ortbeton ist die nicht geschalte Teilfläche oftmals die obere Fläche. Während bei waagerechten Bauteilen wie Sohlen oder Decken noch andere Baumaterialien zur Konstruktion (Estrich) gehören und diese Flächen abdecken, bleibt lediglich die Brüstung an der Oberseite meist ohne Abdeckung sichtbar. Das kann eine schräg laufende Brüstung oder eine Attika sein.

Bei Wänden besteht die Möglichkeit, dass sich im oberen Bereich Zementschlämme, also feinere Bestandteile des Frischbetons anreichern. Um ein gleichmäßiges Erscheinungsbild über die ganze Höhe zu erreichen, kann man die Wand ca. 5 bis 10 cm höher betonieren und diesen Überstand später, solange der Beton noch plastisch (verformbar) ist, wieder abtragen. Danach muss die Oberfläche aber trotzdem manuell geglättet werden.

2.9.2 Fertigteile

Bei Betonfertigteilen ist allein entscheidend, wie ein Fertigteil produziert wird. Eine Stütze z. B. wird üblicherweise liegend produziert. Dadurch ist eine Seite nicht geschalt. Diese Seite erhält meist eine mit einer Kelle oder einem Brett abgezogene Oberfläche. Gleiches gilt für Wände oder Treppen.

Wände und Stützen stehend herzustellen ist prinzipiell möglich, hat aber seine Grenzen in der Höhe des Bauteils und damit in der Höhe der Fertigungshalle. Da Wände meist nur geschosshoch sind, können diese noch stehend betoniert werden. Sind Stützen geschosshoch, besteht die Notwendigkeit der stehenden Betonage nicht so stark wie bei Wänden, da man sich eine von vier Seiten als nicht geschalt aussuchen kann.

Elementwände können aufgrund ihrer Produktionstechnik auf beiden Seiten Sichtbetonoberflächen aufweisen.

Lange Stützen können auch als Schleuderbeton hergestellt werden und haben dann keine ungeschalte sichtbare Teilfläche. Mit der Schleuderbetontechnik können auch eckige Stützen hergestellt werden.

Bei Fertigtreppen mit geradem Lauf sollte der Planer vorgeben, wie die Treppen produziert werden und wohin damit die nicht geschalte Teilfläche ausgerichtet ist. Treppenläufe, bei denen die Trittflächen nicht belegt werden, werden meist seitlich stehend produziert (Bild 2.55). Die nicht geschalte Teilfläche wird dann üblicherweise zur Wand hin ausgerichtet.

Gewendelte Treppenläufe müssen in der Position betoniert werden, in der sie später genutzt werden. Entsprechend sind die Auftrittsflächen dann nicht geschalt.

2.10 Schutz fertiger Flächen in der Bauzeit

Der weitaus größte Teil hochwertiger Sichtbetonflächen wird an Hochbauobjekten

Bild 2.55: Betonfertigteiltreppe, seitlich stehend betoniert

hergestellt. Die Herstellung der Sichtbetonbauteile ist naturgemäß Teil des Rohbaus. Dies bedeutet, dass alle Ausbaugewerke in unmittelbarer Nähe der fertigen Sichtbetonflächen abgewickelt werden, mit häufig wechselndem Personal unterschiedlichster Qualifikationen und Aufgaben, welches mit verschiedenartigsten Werkzeugen und Materialien hantiert.

Für die Ausbaugewerke stellt das Arbeiten zwischen fertigen Sichtbetonflächen zunächst eine ungewohnte Situation dar, da von ihnen erhöhte Vorsicht und Sorgfalt gefordert werden. Die Erfahrung zeigt, dass für die im Ausbau Tätigen die größte Schwierigkeit darin besteht, sich nachhaltig zu vergegenwärtigen, dass es sich bei den umgebenden Betonflächen um fertige, hochwertige Ausbauelemente handelt, die

Bild 2.56: Schutz eines Sichtbetonbauteils, oben gegen Regen und damit Rostspuren, unten gegen Beschädigungen

der Vorsicht, Sorgfalt und Schonung bedürfen. Roh belassene Betonwände wirken auf das Ausbaupersonal im Allgemeinen unfertig und nicht schutzbedürftig. Besonders gefährdet sind enge Flure, Treppenhäuser und andere baubetriebliche Verkehrsbereiche.

Nur im Wortsinn „handfeste" Schutzmaßnahmen helfen wirklich. Sie erfordern Absperrungen, Abdeckungen, die Instandhaltung dieser Maßnahmen und ergänzende Aufsichtsleistungen. Die Tatsache, dass es sich bei einer Betonfläche um Sichtbeton handelt, muss unübersehbar (Signalwirkung durch Absperrbänder, Beleuchtung, Beschilderung) oder unüberwindbar sein (Absperrplanken an Hochbaustützen). Beim Abdecken besonders gefährdeter Flächen ist darauf zu achten, dass das Abdeckmaterial nicht in direktem Kontakt mit der Sichtbetonfläche steht und bei einem Anprall nicht an dieser „reibt". Meist ist es ausreichend, Flächen nur etwa bis in Schulterhöhe zu schützen. Grundsätzlich gilt, dass alle Hilfsbaustoffe, die als Schutz vor Sichtbetonflächen angeordnet

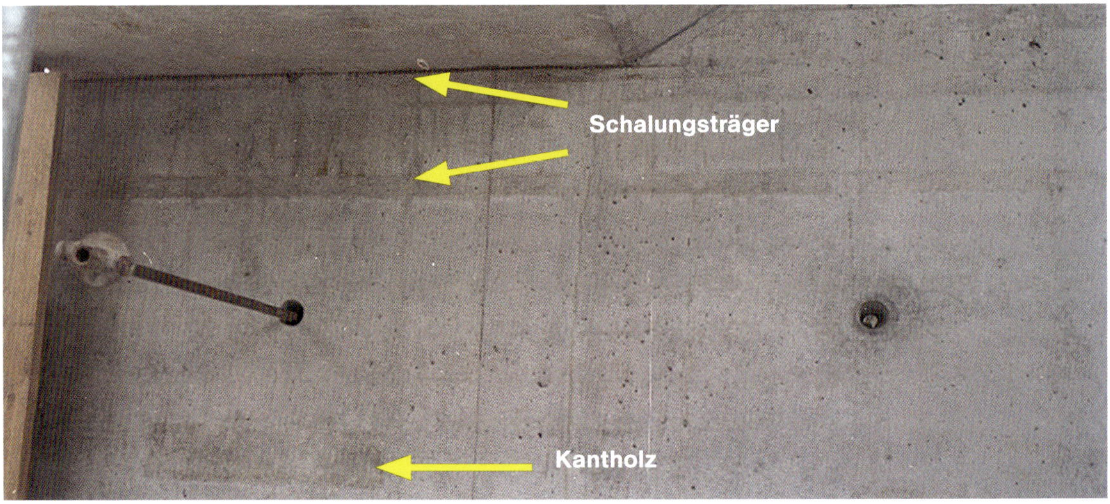

Bild 2.57: Im Bereich des Schalungsankers sind Abdrücke von Schalungsträger und Kantholz erkennbar

Bild 2.58: Die gleichen Verfärbungen acht Jahre später

werden, nicht mit dem Beton in Berührung kommen dürfen, da sonst farbliche Veränderungen auf dem Beton zu erwarten sind. Daher sind Folien oder Holztafeln vor Wänden in Distanz anzubringen.

Wirksame Schutzmaßnahmen müssen im Vorfeld der Arbeiten geplant und zu einem wirksamen Gesamtkonzept zusammengestellt werden, das im Fortgang der Arbeiten planvoll umgesetzt und ggf. verstärkt und ergänzt werden kann. Der Versuch, erst dann zu handeln, wenn sich die Intensität der Gefährdung durch Verschmutzungen und Schäden herausgestellt hat, führt nahezu immer zu erheblichen Mängeln und Qualitätsverlusten an den fertigen Sichtbetonflächen. Neben der unmittelbaren Gefährdung fertiger Flächen durch Ausbauarbeiten können sich noch während des Rohbaus Einflüsse aus den laufenden Arbeiten in höher liegenden Geschossen oder aus Witterungseinflüssen ergeben.

Auch notwendige Stütz- oder Hilfskonstruktionen, die aufgrund der nötigen Lastübernahme punktuell Kontakt mit dem Betonbauteil haben, können zu Verfärbungen führen. Zur Fixierung der Wandschalung des folgenden Geschosses wird im Allgemeinen die oberste Ankerreihe des darunter liegenden Geschosses benutzt. Dabei liegen Schalungsteile oder Kanthölzer direkt am Beton an. Je nach Alter des Betons und Art dieser Schalungsteile kann es zu Farbveränderungen kommen, die nicht völlig verschwinden. Deshalb sollte in den Kontaktzonen zwischen Beton und Hilfskonstruktion stets eine doppelte Lage Maurerfilz über PE-Folie (≥ 0,3 mm) eingelegt werden. Zwar kann es auch hier zu Verfärbungen kommen, die jedoch meist nach einiger Zeit wieder verschwinden.

Wenn möglich, sollten die Betonflächen je nach Erhärtungscharakteristik des Betons und den herrschenden Umgebungsbedingungen zunächst einige Tage „reifen", bevor sie durch andere Baustoffe oder Folien kontaktnah abgedeckt werden (siehe auch Kapitel 2.3.2.4).

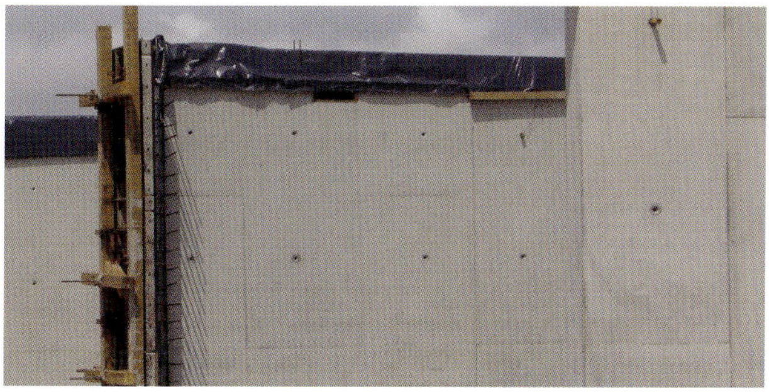

Bild 2.59: Zur Vermeidung von Rostverfärbungen abgedeckte Anschlussbewehrung

Bild: Erbring

3 Farbgebung von Sichtbeton

Die Farbtönung von Beton kann durch verschiedene Bestandteile des Betons beeinflusst werden. Grundsätzlich gilt, dass die feinen Bestandteile des Betons an der Oberfläche zu sehen, und damit maßgeblich für die Farbtönung sind.

Darüber hinaus kann die Farbtönung dunkler/heller durch die Art der Schalungshaut und ggf. durch die Art der Bearbeitungstechnik beeinflusst werden (siehe Kapitel 2.2.2 *Schalungshaut*).

3.1 Farbgebung durch die Zementart

Um bestimmte technische Eigenschaften des Betons wie z. B. Hydratationswärmeentwicklung oder einen hohen Sulfatwiderstand zu erzielen, wird bei der Zementherstellung die Rohstoffzusammensetzung variiert bzw. beim abschließenden Mahlen andere Hauptbestandteile zugefügt. Dadurch und durch regional unterschiedliche Rohstoffe verändert sich auch die Farbtönung des Zementes. Allerdings gilt im Umkehrschluss, dass Zemente mit einer besonderen Farbtönung auch bestimmte technische Eigenschaften haben, die bei der Planung des Sichtbetons mit berücksichtigt werden müssen. Wenn also z. B. ein Hochofenzement (CEM III) wegen seiner hellgrauen Farbe gewählt wird, muss berücksichtigt werden, dass die Hydratationswärmeentwicklung dieses Zements eher gering ist und er damit möglicherweise eine längere Nachbehandlungszeit erfordert.

Grundsätzlich gilt, dass die Farbtönung einer Zementart aus verschiedenen Zementwerken nicht übereinstimmen muss, da die Ausgangsstoffe des Zements (überwiegend Kalkstein) Naturstoffe sind und damit einer Schwankung der Farbgebung unterliegen. Die Einteilung in die unterschiedlichen Graustufen ist rein subjektiv und muss anhand von ausreichend großen Probeflächen kontrolliert werden.

3.1 Farbgebung durch die Zementart

Weißer Zement
Weißer Zement gehört zu der Gruppe der Portlandzemente aus praktisch eisenoxidfreien Rohstoffen. Weißer Zement, oder einfach Weißzement, wird häufig im Sichtbetonbereich wegen seiner Farbe eingesetzt. Weißzement ist auch meistens der geeignete Zement für eingefärbte Betone, da so ein klarerer Farbton erreicht wird.

Hellgrauer Zement
Eine hellgraue Farbtönung haben die Zemente mit hellen Hauptbestandteilen, also unter anderem Hochofenzemente (CEM III), Portlandhüttenzemente (CEM II-S) und Portlandkalksteinzemente

(CEM II-LL). Auch die Portlandkompositzemente (CEM II-M) können eher hellgrau sein, je nach zugemahlenen Hauptbestandteilen.

Bei diesen Zementen gilt es, die Hydratationswärmeentwicklung und damit die Festigkeitsentwicklung beim Einsatz im Winterhalbjahr zu berücksichtigen. Da diese variieren kann, ist es unbedingt notwendig den Betonlieferanten und ggf. den Zementlieferanten miteinzubeziehen. Bei hüttensandhaltigen Zementen (CEM III und CEM II-S) ist nach dem Ausschalen häufig eine bläuliche Färbung zu beobachten. Diese Färbung kommt von einer Reaktion des Hüttensandes mit der umgebenden Luft und ist nur temporär. Allerdings gilt, je höher die Betongüte, desto dichter ist der Zementstein und desto langsamer wird diese Blaufärbung abgebaut.

Eine hellgraue Farbtönung eines Sichtbetons über CEM III- oder CEM II-Zemente zu erreichen, ist üblich.

Mittelgrauer Zement
Die Einteilung in Hellgrau, Mittelgrau und Dunkelgrau ist rein subjektiv und von den Ausgangsstoffen des Zements abhängig. In dieser Reihe kann der Portlandzement (CEM I) im Allgemeinen als Mittelgrau eingestuft werden.

Dunkelgrauer Zement
Beim Portlandzement mit hohem Sulfatwiderstand (CEM I SR) wird bei der Zementherstellung mehr Eisenoxid zugegeben, um die technische Eigenschaft des höheren Sulfatwiderstands zu erzielen. Dadurch ergibt sich ein dunkelgrauer Farbton innerhalb der Abstufung der Zementfarbtönungen. Um einen dunkelgrauen Farbton des Betons zu erzielen muss mit dem Betonlieferanten abgestimmt werden, ob die gewünschte Farbtönung möglicherweise besser über den Sand oder Farbpigmente erzielt werden kann. Die dunkelgraue Farbtönung eines Sichtbetons über den Portlandzement mit hohem Sulfatwiderstand zu erreichen, ist unüblich.

Ebenfalls eine dunklere Grautönung haben die Portlandschieferzemente (CEM II-P), die aber rohstoffbedingt eher in Südwestdeutschland verfügbar sind.

3.2 Farbgebung durch die Gesteinskörnung

3.2 Farbgebung durch die Gesteinskörnung

Rohstoffbedingt ist die Färbung der Sande unterschiedlich. Mit dem Betonlieferanten ist abzustimmen, welche Sande in der Region üblich sind und welche Farbe sie aufweisen. Einen Sand mit ausgewählter Farbe einzusetzen, sollte mit dem Betonlieferanten abgestimmt werden, da logistische (Lieferentfernung und Silokapazität) und wirtschaftliche Faktoren zu berücksichtigen sind.

Neben der ästhetischen Eigenschaft der Farbe des Sandes ist die Feinheit des Sandes von technischer Bedeutung. Ein Sand mit wenig Feinstanteilen kann im Beton zu Wasserabsondern (Bluten des Betons) führen. Das zeigt sich an der fertigen Betonoberfläche durch Auswaschungen bzw. durch ausgelaufene Kanten und Stöße.

Die grobe Gesteinskörnung zeigt sich zwar nicht direkt in der Farbe einer unbearbeiteten Betonoberfläche, sollte aber trotzdem dem gewünschten Farbton angepasst werden. So wird bei einem weißen Beton eine dunkle grobe Gesteinskörnung immer etwas durchschimmern.

Bei bearbeiteten Betonoberflächen ist die Auswahl der Gesteinskörnung erheblich

Bild 3.01: Beton, rot durchgefärbt, FH Frankfurt (Bild: Riedel Bau Schweinfurt/Peter Leutsch, Schwebheim)

wichtiger. Meist ist eine bestimmte Farbgebung der bearbeiteten Betonoberfläche gewünscht und muss durch die Farbgebung der Gesteinskörnung unterstützt werden.

3.3 Farbgebung durch Pigmente

Beton kann durch den Einsatz von Farbpigmenten eingefärbt werden. Dabei ist zu beachten, dass die Farbe niemals sehr kräftig sein wird, da durch den Zement und den Sand die Farbtönung reduziert wird. Will man einen eher klaren Farbton erzielen, ist es sinnvoll mit einem Weißzement und weißen Sanden zu arbeiten. Beim Einsatz eines Grauzements wird der Beton immer eine Grautönung bekommen.

Versuche zur Farbwirkung sind unbedingt notwendig!

Pigmente werden üblicherweise in den Mengen zwischen 2 % vom Zementgewicht und 6 % vom Zementgewicht dosiert. Die Preise für eingefärbten Beton hängen direkt von den Rohstoffkosten der Farbpigmente ab. So können die Farbtöne Schwarz, Braun, Rot und Gelb mit einem eher geringen Preisaufschlag produziert werden, während Blau meist eine Vervielfachung des Betonpreises bedeutet. Dabei ist der Pigmentgehalt und damit die Farbwirkung natürlich auch preisbildend.

3.3 Farbgebung durch Pigmente

Zusätzlich fließt auch der Reinigungsaufwand im Betonwerk in den Preis mit ein.

Bild 3.02: Gefärbter Sichtbeton ohne vertragliche Sichtbetonanforderung, Waldorfschule Augsburg, Ott-Architekten (Bild: Erbring)

3.4 Farbgebung durch Lasuren

Lasuren werden bei der zurückhaltenden farblichen Gestaltung von Sichtbeton oder als Mittel der Betonkosmetik eingesetzt. Sie können, je nach Produktgruppe und Anbieter, mit einer variabel einstellbaren Menge an Farbpigmenten der Aufgabe angepasst werden. Lasuren lassen die Strukturen des Untergrunds wie Schalungsstöße und Poren sichtbar und erzeugen keine völlig deckende Wirkung. Sie können eingesetzt werden, um zu starke Farbunterschiede des Betons auszugleichen, ohne die typischen Sichtbetonmerkmale zu beeinträchtigen (siehe auch Kapitel 5.4 und Kapitel 6).

Lasurarbeiten sind im Allgemeinen kein Gewerk, das eine Rohbaufirma mit eigenem Personal ausführen kann. Eine Ausnahme hiervon stellen Lasuren an Fertigteilflächen dar, die vom Hersteller der Fertigteile als Zusatzleistung angeboten werden. Auch die Weitervergabe von Lasurarbeiten an freie Malerbetriebe sollte nicht ohne vorherige Prüfung der jeweiligen Leistungsfähigkeit an Erprobungsflächen erfolgen, da der Aufbau und die Applikation einer Lasur besondere handwerkliche Fertigkeiten und vertiefte Materialkenntnisse erfordern. Hierzu ist es immer vorteilhaft, den Hersteller der Lasur auch mit deren Ausführung zu beauftragen oder sich vom Hersteller des Lasursystems einen entsprechend geschulten Ausführungsbetrieb empfehlen zu lassen.

Neben der wirtschaftlichen Möglichkeit zur farblichen Gestaltung einer Sichtbetonfläche mit sehr vorstellungsgenauen Ergebnissen und relativ geringen Gelingensrisiken bietet eine Lasur zudem noch Schutz und Konservierung für die Flächengestaltung (siehe Kapitel 6).

Bild 3.03: Fertigteile hergestellt mit Grauzement, vor der Lasur (Bild: PSS GmbH)

Bild 3.04: Fertigteile hergestellt mit Grauzement, rot lasiert (Bild: PSS GmbH)

Bild: BetonBild

4 Beurteilung

4.1 Allgemeines

Die Beurteilung fertiger Flächen erfolgt naturgemäß durch den Auftraggeber oder durch dessen Vertreter. Üblicherweise wird der Bauherr durch den bauleitenden Architekten vertreten, der im Allgemeinen auch die Planung der Gebäudearchitektur inklusive der Flächengestaltung durchgeführt hat. Da der abnehmende Architekt das Aussehen der Flächen nach seinen Vorstellungen geplant hat, ist die Beurteilung einer Fläche zur Abnahme im ungünstigsten Falle die möglicherweise erste Konfrontation dieser Vorstellung mit der gebauten Realität – und ein kritischer Moment.

Die Beurteilung von Betonflächen im Orts- und Arbeitskontext einer Baustelle hat ihre Eigenheiten, die sich auf den Beurteilenden und damit auf sein Urteil auswirken und zu charakteristischen Fehleinschätzungen verleiten können. Erfahrungsgemäß veranlassen die Umstände einer typischen Abnahmesituation den Beurteilenden überwiegend zu strengen und toleranzarmen Qualitätseinschätzungen. Dies wird vor allem durch die folgenden Faktoren verursacht bzw. unterstützt:

- Die Gestaltung mit glatten Sichtbetonflächen, aber auch mit anderen Betonflächen basiert meist auf der Vorstellung weitgehender Gleichmäßigkeit und Makellosigkeit der Flächen. Dies wird durch Abbildungen in architektonischen Fachveröffentlichungen gefördert und führt zu entsprechenden Erwartungshaltungen.

- Vor allem bei der Abnahme oder Bemusterung der ersten fertigen Flächen addieren die Beurteiler oft unbewusst ein qualitatives Vorhaltemaß auf ihre Erwartungen, um den Ausführenden gleich zu Anfang zu maximaler Leistung zu veranlassen.

- Die Qualitätswahrnehmung vor Ort ist durch das grobe Baustellenumfeld belastet. Der Materialmix mit der späteren Innenausstattung ist noch nicht vorhanden, die Lichtverhältnisse sind installations- bzw. witterungsbedingt ungünstig und das Flächenumfeld zeigt keine Merkmale eines fertigen, bewohnbaren Raumes – die vorherrschende Farbe ist ein diffuses, oft schmutzig erscheinendes Grau.

- Vor allem die ersten Flächen sind bei der Bemusterung meist noch relativ jung. Der Beton ist noch von geringer Reife und enthält entsprechend viel Feuchtigkeit, das Flächenbild ist also noch nicht zur Ruhe gekommen. Architekten, die nur wenig Erfahrung mit Sichtbetonflächen haben, können diese Einflüsse bei der Beurteilung meist nicht positiv berücksichtigen.

Tatsächlich zeigt aber die Erfahrung, dass Sichtbetonflächen, die bei der Erstbemusterung als abweichend oder mangelbehaftet bewertet wurden, nach der Fertigstellung des Innenausbaus oder des äußeren Umfelds als sehr gelungen bezeichnet werden. Im Materialkontext mit den Oberflächen der Innenausstattung oder im strukturellen Kontext mit dem fertigen Gebäude wirken „lebendigere“ Sichtbetonflächen letztlich meist wesentlich attraktiver als einförmig makellose.

Bild 4.01: Flächen mit Abweichungen im Mercedes-Benz-Museum, Stuttgart

Dieser Effekt ist z. B. am Mercedes-Benz-Museum in Stuttgart deutlich zu sehen: Die Sichtbetonflächen im Inneren des Museums zeigen durchweg Flächenbilder, die im Sinne geforderter Makellosigkeit mit z. T. starken Abweichungen vor allem der Farbtongleichmäßigkeit behaftet sind.

Im Gesamtbild mit den besonderen Strukturen sowie der Nutzung und Widmung des Gebäudes geben die inneren Sichtbetonflächen aufgrund ihrer „Lebendigkeit“ dem Gesamteindruck eine eigene Tiefe und Qualität, die durch makellose Flächen in dieser Form nicht entstanden wäre. Dies zeigt, dass Bauteilflächen die anfänglich als sehr abweichend empfunden wurden, nach Ausbau und Einrichtung im innenarchitektonischen Gestaltungsensemble eine positive Wirkung entfalten können.

Aus diesem Grunde sei den Architekten, die mit der Abnahme von Sichtbetonflächen betraut sind, zu einer möglichst „ruhigen Hand“ und einer unvoreingenommenen Haltung raten: Betonflächen im Innenbereich beantworten die Aufwertung des Umfelds durch die ordnende Fertigstellung von Ausbau, Einrichtung und Beleuchtung im Allgemeinen ausgesprochen positiv und wirken im Endzustand des Gesamtgebäudes meist weit attraktiver als in der Situation der Abnahme – auch und gerade, wenn sie nicht „makellos“ ausgefallen sind. Abwarten lohnt auch in weiterer Hinsicht: Betonkosmetische Nacharbeiten durch einen Fachbetrieb sollten ohnehin so spät wie möglich durchgeführt werden. Betonkosmetische Fachbetriebe sind im Allgemeinen in der Lage und gewohnt, ihre Arbeiten in nahezu fertig eingerichteten Innenräumen durchzuführen.

Wenn der Planer und der Ausführende das unter den örtlichen Gegebenheiten machbare Flächenergebnis gemeinsam erarbeitet haben, sollten sich die vertraglichen Flächeneigenschaften weitgehend mit den Vorstellungen des Architekten decken und über eingetretene Abweichungen ergeben sich rasch übereinstimmende Auffassungen.

Haben Architekt und Ausführung bis zur Besichtigung der ersten fertigen Flächen in großer Distanz zueinander agiert, ist es möglich, dass die Flächen die Vorstellungen des Architekten zunächst verfehlen – was nicht zwingend bedeuten muss, dass diese Flächen „nicht abnahmefähig" im Sinne des Vertrages sind. Wie bereits in Kapitel 1 *Planung glatter Sichtbetonflächen* ausgeführt wurde, ist die Vorstellung des Architekten vom Aussehen der Flächen vertraglich oft schwer zu beschreiben. Bei abweichenden Auffassungen ist deshalb zunächst offen und anhand des Bauvertrags zu prüfen, ob Flächen, die den Vorstellungen des Architekten nicht entsprechen, auch auf der Grundlage der vertraglichen Vereinbarungen abgelehnt werden können. Was der Ausführende vertraglich schuldet, ist allein durch den Bauvertrag geregelt.

Wenn die vertragliche Beschreibung der geforderten Flächenmerkmale unter Zuhilfenahme des Merkblatts Sichtbeton erstellt wurde, ist die Beurteilung deutlich einfacher, da zumindest die Einzelkriterien der vereinbarten Sichtbetonklasse zur Beurteilung herangezogen werden können. Wenn der Abnehmende Abweichungen zu einer vereinbarten Sichtbetonklasse feststellt, muss zwangsläufig mindestens ein Einzelkriterium dieser Sichtbetonklasse verfehlt worden sein. Allerdings ist der Rückgriff auf Einzelkriterien zur Beurteilung fertiger Flächen allein für den Fall erheblicher Abweichungen vorgesehen (siehe auch Kapitel 1.4.2).

4.2 Abweichung und Mangel

4.2 Abweichung und Mangel

Bei der Beurteilung einer Abweichung in einer Sichtbetonfläche ist zunächst festzustellen, ob und welcher Grenzwert welchen Einzelkriteriums der geltenden Sichtbetonklasse verletzt wird.

Die Feststellung eines Mangels an einem Sichtbetonbauteil beginnt meist mit der Feststellung eines „abweichenden Aussehens". Es empfiehlt sich in dieser frühen Phase der Beurteilung eines Flächenbildes für alle Beteiligten, den Begriff der „Abweichung" zu benutzen. Ob es sich bei einer Abweichung letztlich tatsächlich um einen vertraglichen Verstoß, und damit um einen Mangel handelt, ist in jedem Einzelfall durch weitergehende Prüfung der Abweichung und der vertraglichen Vereinbarungen zu entscheiden.

Im überwiegenden Fall sind die Vertragspartner allein in der Lage, diese Entscheidung einvernehmlich zu finden. Nur in schwierigen Fällen werden im Allgemeinen Gutachter oder letztlich die Rechtsprechung bemüht.

4.3 Beurteilungsgrundsätze

4.3 Beurteilungsgrundsätze

Die vertragliche Forderung einer Sichtbetonklasse beinhaltet die Vereinbarung, die vertraglichen Sichtbetonflächen zunächst allein nach ihrem Gesamteindruck zu beurteilen. Für den Planer und den Bauherren ist im Allgemeinen allein der Gesamteindruck einer Fläche eine probate Möglichkeit, die erstellte Leistung mit seiner Vorstellung zu vergleichen.

Die Beurteilung einer Sichtbetonfläche allein nach der Erfüllung der Summe der Einzelkriterien, die durch die geltende

Sichtbetonklasse definiert sind, ist als erste Beurteilung nicht im Sinne des Merkblatts. Dieses Vorgehen der vorrangigen Beurteilung nach Einzelkriterien kann dazu führen, dass Sichtbetonflächen, die aufgrund eines gelungenen Gesamteindrucks den Vorstellungen des Planers entsprechen, dennoch abgelehnt würden, wenn sie einzelne Klassenkriterien verfehlen. Die Beurteilung des Gesamteindrucks einer Ansichtsfläche kann also nicht sinnvoll über die Summe erfüllter Einzelkriterien geführt werden. Entspricht der Gesamteindruck der planerischen Vorstellung, wird die Leistung ohne Prüfung einzelner Kriterien angenommen. Zur Beurteilung des Gesamteindrucks sind auch der Betrachtungsabstand und das Alter der beurteilten Flächen von Einfluss.

Erst wenn der Gesamteindruck einer Fläche die vertraglich fixierte Vorstellung des Planers verfehlt, werden die Einzelkriterien der geltenden Sichtbetonklasse zur weiteren Beurteilung herangezogen. In diesem Fall ist es Aufgabe von Planung und Ausführung, durch die Prüfung auffällig abweichender Einzelkriterien eine Analyse der Abweichungen vorzunehmen und diese zu quantifizieren. Die wichtigste Maßnahme ist stets, ein erneutes Auftreten der festgestellten Abweichungen im fortlaufenden Bauprozess zu verhindern. Auch die graduelle Beurteilung von Abweichungen und deren Umsetzung in vertragliche Konsequenzen kann einfach und nachvollziehbar über die Beurteilung der Einzelkriterien geführt werden.

4.4 Betonalter und Betrachtungsabstände

4.4 Betonalter und Betrachtungsabstände

Das „richtige" Alter zur Beurteilung einer Sichtbetonfläche kann nicht angegeben werden, daher gibt es hierzu auch keine Regelungen. Bei Abweichungen wie Farbungleichheiten, Hell-/Dunkel-Fleckigkeit und ähnlichen Phänomenen an jungen Betonflächen sollte die Beurteilung einer Fläche jedoch möglichst auf einen späteren Zeitpunkt verlegt werden, da mit zunehmendem Betonalter eine farbliche Vereinheitlichung zu erwarten ist. Im Weiteren sollte man darauf achten, dass die Fläche bei nachfolgenden Beurteilungen mög-

Bild 4.02: Fleckige Abweichungen an jungem Beton (Bild: Mensing)

Bild 4.03: Die Fläche einige Monate später (Bild: Mensing)

lichst trocken ist. Viele derartige Abweichungen treten nach einiger Zeit in den Hintergrund oder verschwinden ganz. Diese „Nachheilung" über einen längeren Zeitraum sicher zu prognostizieren, ist jedoch nicht möglich.

Bei Poren, Ausblutungen und Abweichungen der Ebenheit ist naturgemäß keine Verbesserung des Zustands zu erwarten.

Zur Beurteilung einer Sichtbetonoberfläche nimmt ein unvoreingenommener Betrachter bei üblichen Flächengrößen im Hochbau unbewusst einen Abstand von etwa 1,5 m bis 4 m ein. Diese Distanz ist bei mittleren Lichtverhältnissen ein geeigneter Kompromiss, um das Bauteil in Detail und Fläche möglichst gut zu erfassen.

Der Betrachtungsabstand zur Beurteilung des Gesamteindrucks zum Vergleich mit der planerischen Vorstellung wird jedoch nach anderen Kriterien bestimmt. Hierbei wird zwischen der Betrachtung von Bauwerk und Bauteil differenziert, da der Kontext von Gesamt- und Einzelwirkung üblicherweise auch der Planungsidee zugrunde liegt. Der angemessene Betrachtungsabstand des Bauwerks ist die Distanz, aus der das Bauwerk in seinen wesentlichen Teilen erfasst werden kann. Er variiert also je nachdem, von welchem Standort aus das Gebäude betrachtet wird.

Einzelne Bauteile sind aus dem Abstand zu beurteilen, der im Zuge der geplanten Nutzung üblicherweise vom Betrachter eingenommen wird. Zur Beachtung dieser Regelung muss der Beurteilende die späteren Nutzungsumstände im Bereich der beurteilten Flächen kennen und beachten. Die Lage und die erwartete Frequentierung von Fußwegen und Verkehrsbereichen sowie geplante Bepflanzungen oder Sekundärbebauungen im Flächenumfeld sind bei der Festlegung der Standorte und der Abstände zu berücksichtigen. Diese Regelung kann vor allem bei Flächen, vor denen sich ausgedehnte Publikumsbereiche befinden (Hallen, Plätze) zu unterschiedlichen Auffassungen über den richtigen Betrachtungsabstand führen. In diesem Fall sollte die Beurteilung aus unterschiedlichen Entfernungen erfolgen.

5 Nachbesserung und Mängelbeseitigung

5.1 Allgemeines

Der Begriff Mängelbeseitigung an Sichtbetonbauteilen behandelt allein die Nachbesserung ästhetischer Abweichungen wie Wolkenbildung, Hell-/Dunkelverfärbungen, Ausblühungen, beschädigte Kanten oder ausgelaufene Schalelementstöße.

Grundsätzlich ist zwischen der technischen Instandsetzung eines Stahlbetonbauteils und der kosmetischen Anpassung des Aussehens abweichender Ansichtsflächen zu unterscheiden. Die Instandsetzung von Betonbauteilen behandelt üblicherweise Schäden, welche die Dauerhaftigkeit, die Gebrauchstauglichkeit und die Standsicherheit des Bauteils beeinträchtigen, und ist durch die DAfStb-Richtlinie „*Schutz und Instandsetzung von Betonbauteilen*" [1.18] geregelt. Technische Fehlstellen, die in der Bauphase entstehen, wie tiefe Kiesnester, Ab- oder Ausbrüche an Kanten o. Ä., erfordern zunächst eine partielle Ergänzung der Bauteilsubstanz. Hierbei sind die Dauerhaftigkeitsprinzipien des Stahlbetonbaus hinsichtlich des Korrosionsschutzes der Bewehrung und eines monolithischen Betongefüges grundsätzlich zu beachten und zu erfüllen. Bei kleineren Fehlstellen reicht meist das Verschließen der Fehlstellen mit einem durch den Hersteller für diesen Einsatz als tauglich erklärten Reparaturmörtel.

Alle Maßnahmen der kosmetischen Anpassung des Aussehens einer Betonfläche sind lediglich gestalterisch motiviert und werden definitionsgemäß auf der Oberfläche eines technisch intakten Betonbauteils angeordnet bzw. ausgeführt. Zwar ist auch an die kosmetische Bearbeitung einer Betonoberfläche die Forderung einer möglichst großen Dauerhaftigkeit in den jeweiligen Umgebungsbedingungen zu stellen, diese kann aber nicht mit der normativen Dauerhaftigkeitserwartung an das jeweilige Betonbauteil gleichgesetzt werden: kosmetische Maßnahmen sind auf einem technisch intakten Betonbauteil im Grunde beliebig oft wiederhol- und veränderbar, wie etwa ein gestaltender Anstrich. Mängelbeseitigungen an Sichtbetonflächen unterscheiden sich grundsätzlich von der sogenannten Instandsetzung von Beton- und Stahlbetonbauteilen. Die Mängelbeseitigung ist im Allgemeinen ein (unplanmäßiger) Teil der Herstellung eines Bauteils und erfolgt vor der Abnahme des Bauteils.

Bei jedem erkannten Mangel an einem Sichtbetonbauteil ist zunächst festzustellen, ob und auf welche Weise der Mangel nachbesserbar ist. Nachbesserung im Sinne der Planungsabsicht bedeutet, dass das geplante Aussehen durch die Nachbesserungsarbeiten annähernd erreicht oder zumindest eine deutliche Verbesserung des abweichenden Zustands herbeigeführt werden kann.

Zwar werden die Begriffe „Nachbesserung“ oder „Mängelbeseitigung“ in der Fachliteratur vielfach parallel verwendet, jedoch gelingt die völlige Beseitigung eines erkannten Mangels an Sichtbetonflächen nur selten. Meist kann ein Mangel jedoch in seiner Störwirkung erheblich gemildert und die Fläche dem gewünschten Aussehen weitgehend und letztlich zufriedenstellend angenähert werden. Die Verantwortlichen müssen sich also darüber im Klaren sein, dass nicht alle (aber die meisten) Abweichungen zufriedenstellend nachgebessert werden können und die Nachbesserung einer Sichtbetonfläche möglicherweise zumindest für den Wissenden erkennbar bleibt.

5.2 Hinweise zum praktischen Vorgehen

Vor einer Nachbesserung erfolgt stets eine Analyse der Ursachen. Die genaue Kenntnis der Ursache dient vor allem der Prävention: Baubetriebliche Sofortmaßnahmen zur Verbesserung der Herstellungsqualität der Sichtbetonbauteile sind dringend – Nachbesserung hat Zeit – je später sie durchgeführt wird, desto besser. Die Nachbesserung ist überwiegend kein „rohes“ und übermäßig schmutzbelastetes Gewerk. Qualifizierte betonkosmetische Fachbetriebe arbeiten außerordentlich kompetent und können Flächen auch noch im Kontext einer vollendeten Inneneinrichtung bearbeiten. Der günstigste Zeitpunkt einer Bearbeitung wird am besten zusammen mit dem jeweiligen Fachbetrieb festgelegt.

Grundsätzlich gilt, dass die Organisation oder Entwicklung der Vorgehensweise einer Nachbesserung zunächst Sache des Ausführenden ist, vor der Umsetzung jedoch zwischen den Beteiligten abgestimmt werden muss. Auch den Nachbesserungsarbeiten sollten grundsätzlich Erprobungen und Abstimmungen über Erwartungen und Ergebnisse vorausgehen. Oft lassen sich hierzu die Erprobungsbauteile nutzen.

Sofern die Nachbesserung ganz oder in Teilschritten durch das Rohbauunternehmen oder den Fertigteilhersteller ausgeführt werden soll, wird nach Abstimmung über die erzielten Ergebnisse mit dem Planer eine Arbeitsanweisung erstellt, in welcher das technische Vorgehen und die eingesetzten Materialien detailliert festgehalten werden. Dies dient dazu, die gewonnenen Erkenntnisse für folgende Anlässe oder für den Fall personeller Veränderungen zu dokumentieren und eine Prüfgrundlage für die Aufsichtführenden zu schaffen.

5.2 Hinweise zum praktischen Vorgehen

Vor allem bei größeren Gebäuden mit einem erheblichen Anteil an Sichtbetonflächen ist erfahrungsgemäß immer davon auszugehen, dass kosmetische Nachbesserungen an den Sichtbetonbauteilen anfallen. Die meisten dieser Abweichungen, die letztlich einer Nachbesserung bedürfen, werden meist unmittelbar nach dem Ausschalen der Flächen erkennbar. Bei größeren Gebäuden mit einem hohen Sichtbetonanteil ergeben sich meist Abweichungen unterschiedlicher Art und Intensität. Ein Teil dieser Abweichungen tritt dabei aber mehrfach auf (z. B. Dunkelfleckigkeit, Kantenschäden, ausgelaufene Stellen an undichten Schalungshautfugen oder an Ankerdurchführungen). In diesen Fällen ist eine sinnvolle Kategorisierung und Kartierung der verschiedenen Abweichungen äußerst hilfreich. Übereinstimmend als abweichend erklärte Ansichtsflächen sollten gemeinsam durch einen Vertreter des Rohbauunternehmens und durch den Architekten und/oder den Bauherrn besichtigt, systematisch erfasst und in einer detaillierten Bauwerkskartierung dokumentiert werden. Diese Aufnahme beginnt mit der Kategorisierung der Abweichungen. Kategorien können sein: Kantenabbrüche, Kiesnester, Flächenbereiche abweichender Farbtönung etc. und jeweils artgleiche Fehlstellen. Jede erkannte Abweichung wird entweder einer bestehenden Kategorie zugeordnet oder eröffnet eine neue Kategorie. Aufgenommen wird schriftlich in Listenform mit ergänzenden Fotos.

Die Kartierung sollte folgende Angaben enthalten:

- Art (Kategorie) der Abweichung (z. B. ausgelaufene Schalungshautfuge, dunkler Fleck, Farbtonunterschied, ausgelaufener Ankerkonus, abgebrochene Kante etc.)
- Bezeichnung des Ortes mit Hinweis auf zugehörige Fotodokumentation (Bauteil, Lage des Bauteils im Bauwerk, Lage der Bearbeitungsstelle innerhalb des Bauteiles)
- Auffälligkeit und Störwirkung sowie Abweichung (z. B. gering, mäßig, deutlich, sehr stark – oder Skala 1 bis 10) Größe der Abweichung (z. B. nach lfd. m oder m^2)
- Lage des zu bearbeitenden Bauteils (Wände/Decken/schwer zugänglich/ etc.)
- Technischer Zustand der Betonoberfläche, Erfordernis technischer Instandsetzungsarbeiten (Spachteln etc.)
- Abweichung temporär oder dauerhaft (wenn einschätzbar)
- ggf. weitere Bemerkungen.

Die sich aus diesem Verfahren ergebende Aufnahme abweichender Teilflächen gibt einen guten Überblick über den Detail- und den Gesamtaufwand der betonkosmetischen Bearbeitung. Diese „Urliste" erleichtert die Abschätzung der voraussichtlichen Kosten und der Ausführungszeit. Für das Angebotsverfahren eines betonkosmetischen Fachbetriebs bildet diese Aufstellung mit belastbaren Massenangaben eine gute Kalkulations- und Angebotsgrundlage. Im vertraglichen Verhältnis zwischen AN und AG gilt sie quasi als „Konsensliste" der nachzubessernden Flächen- oder Bauteilbereiche.

5.3 Schleifreinigung

5.3 Schleifreinigung

Rost- oder andere Farbflecken an Untersichten, Rostfahnen oder die häufige diffuse Grundverschmutzung von Sichtbetonflächen am Ende des Innenausbaus werden durch eine sogenannte Schleifreinigung weitestgehend, in manchen Fällen auch ganz behoben.

Unter einer Schleifreinigung versteht man die manuelle oder maschinelle Bearbeitung einer Betonoberfläche mit Kunststoff-Schleifvliesen. Zur manuellen Bearbeitung werden handliche Vlies-Pads eingesetzt. Schleifvliese, egal ob für eine manuelle oder eine maschinelle Bearbeitung, gibt es in verschiedenen Härtegraden. Es ist für das Ergebnis außerordentlich wichtig, in Vorversuchen zu ermitteln, welcher Härtegrad für die vorliegenden Verhältnisse der günstigste ist. Dies richtet sich nach der Art der Bearbeitung, der Art der vorwiegenden Verschmutzung sowie nach der Oberflächenfestigkeit der Betonfläche. Wenn das Vlies zu weich ist, verliert

Bild 5.01: Abtropfrost, generalisiert, im Zentrum eine im Versuch mit einem Handpad gereinigte Stelle

Bild 5.02: Reinigungsstelle wie Bild 5.01, vergrößert

es nach kurzer Zeit seine Schleifwirkung und es werden nicht alle Verschmutzungen entfernt oder verbessert – ist das Vlies hingegen zu hart, kann es zu sichtbaren Kratzern und Oberflächenabträgen kommen.

Das Verfahren eignet sich auch zur partiellen Reinigung von Flächen. Je besser und damit deutlicher jedoch der Effekt der Reinigung ist, desto notwendiger wird es sein, zusammenhängende Bauwerksbereiche (Räume, Treppenhäuser, Flure) oder Bauteilkategorien (Wände, Decken) im Ganzen zu überarbeiten. Das Verfahren ist nicht aufwendig, denn es geht schnell und ist, zumindest bei maschineller Bearbeitung, nahezu staubfrei.

Zur maschinellen Bearbeitung werden sogenannte Trockenbauschleifer eingesetzt – eine Kombination aus einem rotierenden Tellerschleifer und einem Industriestaubsauger.

Bild 5.03: Schleifreinigung einer Untersicht, Trockenbauschleifer mit Gittervliesbestückung

Bild 5.04: Schleifvlies für Trockenbauschleifer (weichere Variante)

Bild 5.05: Schleifvlies für Trockenbauschleifer (weichere Variante)

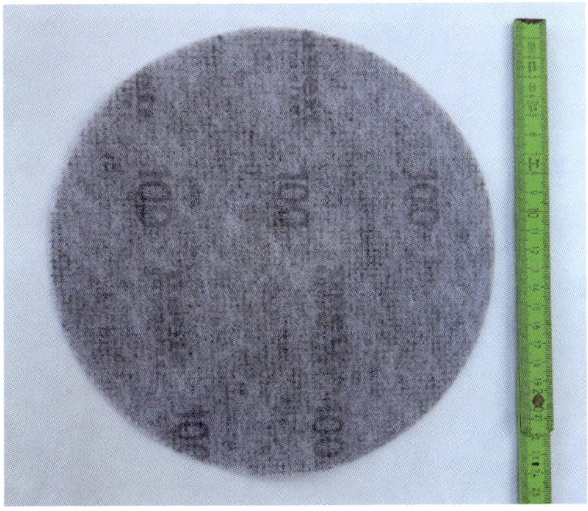

Bild 5.06: Gittervlies für Trockenbauschleifer (härtere Variante, Gitterstruktur)

Bild 5.07: Wandfläche, partiell bearbeitet mit Schleifvlies (sog. Handpad)

Bild 5.08: Schleifvlies-Handpad für manuelle Bearbeitung

5.4 Nachbesserung durch einen Fachbetrieb

5.4 Nachbesserung durch einen betonkosmetischen Fachbetrieb

Fast alle Abweichungen, die nicht durch eine Schleifreinigung verbessert werden können, verlangen im Allgemeinen eine Bearbeitung durch einen qualifizierten Fachbetrieb. Dies ist insbesondere dann der Fall, wenn an den abweichenden Stellen eine recht klar definierte Flächenqualität verfehlt wurde, wie z. B. bei farblichen Abweichungen, bei der Nachbesserung ausgelaufener Schalungshautstöße sowie der Reparatur von Abplatzungen und Flächenversätzen aller Art. Noch vor wenigen Jahren galten viele dieser Abweichungen an Sichtbetonflächen als nicht nachbesserbar. Dank der Anbieter einer völlig neuen Qualität der Betonkosmetik gibt es nur noch wenige Abweichungen oder gar Mängel an Sichtbetonflächen, denen nicht abgeholfen werden kann.

Die betonkosmetische Bearbeitung einer Sichtbetonfläche bedeutet eine kunsthandwerkliche Anpassung aller maßgebenden Aussehenskriterien einer Betonfläche (Farbe, Textur, ggf. Haptik und Glanz) an das Aussehen intakter umgebender Bereiche. Eine betonkosmetische Bearbeitung findet definitionsgemäß auf einer technisch intakten Bauteiloberfläche statt, betrifft also lediglich die Oberfläche des Bauteils oder reicht partiell in kleinen Bereichen bis maximal 5 mm Tiefe in die Betonrandzone hinein.

Bild 5.09: Sichtbetonmangel vor und nach der Bearbeitung durch einen betonkosmetischen Fachbetrieb (Bild: Betonretusche)

Mit der althergebrachten „Spachtelkosmetik" aus betrieblichen Bordmitteln, wie sie ausführende Firmen in manchen Fällen leisten können, hat diese Art der Sichtbetonkosmetik jedoch nichts zu tun. Mit einer qualifizierten, durch einen Fachbetrieb ausgeführten Flächenkosmetik werden zwar die Möglichkeiten der Nachbesserung von Sichtbetonflächen erheblich erweitert, aber dies kann im Einzelfall auch zu einem kostenintensiven Gewerk werden, das auf möglichst geringe Teilflächen beschränkt bleiben sollte.

Der Begriff „Nachbesserung" suggeriert im Wortsinn eine ergänzende Leistung für einen eher kleinen Aufwertungsschritt, dessen Aufwand im Vergleich zur Grundleistung als geringfügig erwartet wird. Dem ist bei der praktischen Anwendung einer qualifizierten Betonkosmetik aber meist nicht so: Die Herstellung einer Fläche der Sichtbetonklasse SB3 auf einer sehr abweichenden Ausgangsfläche ist eine kunsthandwerklich anspruchsvolle Leistung und hat folglich ihren Preis.

Zunächst sollte das Nachbesserungsziel an Erprobungsflächen festgelegt werden. „Zu gute" Nachbesserungen, die den bearbeiteten Bereich in eine auffällig hohe Qualität erheben, sind ebenso abzulehnen, wie die zu schwache Kaschierung eines abweichenden Bereichs.

Im Allgemeinen ist die gewünschte Flächenqualität in benachbarten Teilbereichen des Bauteils vorhanden. Es kann also fast immer in unmittelbarer Nähe des abweichenden Bereichs eine Teilfläche bestimmt und benannt werden, die den Vorstellungen des Bauherrn entspricht, und damit zur Zielvorlage wird. Die Nachbesserung ist also eine „Nachbildung". Sie soll keine genaue Kopie des gelungenen Bereiches sein, sondern soll sich in unauffälliger Weise in den gewünschten Gesamteindruck einfügen. Zum Gesamteindruck gehören:

- die Oberflächentextur,
- die Farbigkeit,
- weitere optische Effekte (Glanz, Aussehen bei wechselnder Oberflächenfeuchtigkeit etc.),
- die Variation von Textur und Farbe in der Fläche.

Um eine solche Flächennachbildung herzustellen braucht es nicht nur eine künstlerisch geschulte oder erfahrene Hand, sondern zusätzlich ein sehr gutes Farb- und Texturgefühl sowie genaue Kenntnisse in der Anwendung, der Tauglichkeit und der Dauerhaftigkeit der eingesetzten Materialien.

Die Arbeiten beginnen im Allgemeinen mit der Reinigung der betroffenen Bereiche (oft mit einer Schleifreinigung). Bei flächigen Verfärbungen, die nicht durch Schleifen gebessert werden konnten (z. B. „Dunkelfleckigkeit" durch kalt-feuchte Witterung) entfällt ein Materialabtrag mit nachfolgendem Wiederaufbau. Die Fläche wird in diesem Falle leicht angeraut und nachfolgend wird eine farbige Lasur aufgebracht. Um den lasierten Bereich in Farbe und Variation an benachbarte, gelungene Teilflächen anzupassen, werden stets mehrere Lasurlagen mit leicht variierender Färbung neben- und übereinander aufgebracht. Die Applikation geschieht nach der Entscheidung des Bearbeiters durch Tupfen (Pinsel, Schwamm oder Lappen), Sprühen, Spritzen, Rollen oder Streichen. In Bereichen mit abweichender Porigkeit wird der augenscheinlich überschüssige Teil großer, auffälliger Poren geschlossen, bis ein unauffälliges Porenbild erreicht ist. Danach wird der Farbabschluss wieder durch eine Lasur hergestellt. In Einzelfällen kann eine zu geringe Porigkeit auch durch das Aufmalen von „Scheinporen" kaschiert werden.

Bearbeitungsbereiche oder Fehlstellen, bei denen Material ergänzt werden muss, erhalten zunächst einen oder mehrere Spachtelaufträge. Dies ist z. B. bei mechanischen Beschädigungen von Flächen oder Kanten, bei Kiesnestern, Wasserläufern und ähnlichen Abweichungen erforderlich. Auch wenn wegen eines Flächenversatzes zwischen zwei Schalungsabschnitten überstehender Beton abgetragen werden muss, wird ein Wiederaufbau dieses Flächenbereiches erforderlich.

Die oberflächennahen Schichten dieser Reprofilierung werden mit einem Feinspachtel hergestellt, der farblich bereits möglichst nahe an den Zielfarbton angepasst wird. Nach dem Erhärten des Spachtels werden die Oberflächenebenheit und -glätte durch einen Feinschliff hergestellt. Die farbliche Anpassung der Betonoberfläche geschieht, wie bereits beschrieben, durch eine retuschierende, getönte Lasur.

Die Lasurtechnik als farblicher und textureller Oberflächenabschluss ist für fast alle kosmetischen Arbeiten obligatorisch. Da an Außenflächen lasierte Flächenbereiche bei wechselnden Feuchtigkeiten sehr anders aussehen können, als unlasierte Abschnitte, wird als abschließende Maßnahme eine generalisierte Flächenlasur auf die gesamte Bauteilfläche aufgetragen. Diese Lasur verbessert die optische Übereinstimmung der kosmetisch bearbeiteten Bereiche mit angrenzenden unbearbeiteten Flächen, und zwar unabhängig von der Luft- oder Oberflächenfeuchtigkeit.

Etwas aufwendigere und in jedem Fall als Einzelfall zu behandelnde Abweichungen sind solche an stark texturierten oder gar tief strukturierten Flächenausprägungen (z. B. Brettschalung, OSB-Platten, Schalungsmatrizen) oder an bearbeiteten Oberflächen (z. B. Waschbeton, gestrahlte, gesäuerte oder steinmetzmäßig bearbeitete Flächen). Hier ist die Texturnachbildung meist der schwierigste Teil der Bearbeitung und erfordert stuckateurartiges Arbeiten oder das Abformen von Schalungstexturen.

Eine Moderation der Kosten ist möglich, wenn der Ausführende für einfache Teilleistungen (Reinigen, Schleifen, Stemmen, grobes Reprofilieren u. Ä.) eigenes Personal und Gerät bereitstellt. Neben der Senkung der Kosten findet so auch ein Know-how-Erwerb statt, der bei der nächsten Baumaßnahme hilfreich sein kann und in der eigenen Mannschaft Bewusstsein schafft für die Wertigkeit architektonischer Betonflächen.

5.5 Bearbeitung häufiger Mängel

5.5 Bearbeitung häufiger Mängel

5.5.1 Allgemeines

Wie bereits gesagt wurde, erfordern kosmetische Nachbesserungen des Aussehens einer Sichtbetonfläche ein erhebliches Maß an Sachverstand, Sorgfalt und entsprechenden, kunsthandwerklichen Fertigkeiten. Aus diesem Grunde sollen nachstehend auch nur solche Einzelmaßnahmen angesprochen werden, die in bestimmten Einzelfällen auch ohne die Mitwirkung eines betonkosmetischen Fachbetriebs ausgeführt werden können.

Bei groben und ausgedehnten Abweichungen kann zunächst über Alternativen der farblichen oder texturellen Flächengestaltung nachgedacht werden. Derzeit bieten Technik und Technologie der Nachgestaltung von Betonflächen hierzu zwei Verfahren an:

- Die Farblasur fertiger Flächen ist zur Bearbeitung nahezu aller farblichen Abweichungen geeignet. Eine Lasur enthält Farbpigmente, wirkt aber nicht als erkennbare filmbildende Beschichtung. Der Anteil an Farbpigmenten kann variiert werden. Erprobungen sollten an Flächen ausreichender Größe durchgeführt werden, damit die Farbübereinstimmung sicher beurteilt werden kann. Buntfarbige Lasuren sind bei Verwendung entsprechender Pigmente möglich, meist ist jedoch eine Vergleichmäßigung originärer Sichtbetonflächen gewünscht. Farblasuren können nahezu „unsichtbar" ausgeführt werden, sodass der unwissende Betrachter keine Nachbearbeitung der Flächen mehr merkt.

- Die steinmetzmäßige Bearbeitung einer Sichtbetonfläche (Feinstocken, Schleifen, polieren) verändert Färbung und Textur einer Fläche, intensiviert aber den stofflichen Ausdruck des Betons. Hierbei handelt es sich um eine Alternativgestaltung für Fälle, in denen Abweichungen weder hinnehmbar noch nachbesserungsfähig sind und das ursprüngliche Gestaltungsziel aufgegeben werden muss. Beim Feinstocken wird die oberste Betonhaut durch Bearbeitung mit elektrischen oder druckluftgetriebenen Flächenmeißeln bis in geringe Tiefen (1 bis 4 mm) entfernt, Hierbei entsteht eine bruchraue Oberfläche, die meist erheblich dunkler erscheint als die ursprüngliche Fläche, insgesamt jedoch eine sehr hochwertige Anmutung ergibt.

Da beim Stocken auch oberflächennahes Korn erfasst und freigelegt bzw. gebrochen wird, erhalten die Flächen ein kristallines, farblich meliertes Aussehen, in welchem sich auch die natürlichen Farben der Gesteinskörnungen darstellen. Auch beim Stocken ist das Ergebnis zunächst anhand von Erprobungen zu beurteilen. Das Verfahren ergibt im Allgemeinen gut prognostizierbare und recht stabile Flächenergebnisse auch bei vielen und großen Flächen. Bei der Vorbereitung der Maßnahme ist die unvermeidbare Schwächung der Betondeckung im Hinblick auf die Dauerhaftigkeit der Betonbauteile durch die Tragwerksplanung zu beurteilen. An Flächen im Innenbereich von Hochbauten (Expositionsklasse XC1) ist eine leichte Minderung der Betondeckung meist vertretbar, da die Umgebungsbedingungen eine Korrosion der randnahen Bewehrung im Allgemeinen sicher verhindern. An bewitterten Außenflächen sollte zunächst eine repräsentative Erhebung der vorhandenen Betondeckung erfolgen.

Sowohl Lasur wie auch Feinstocken sind sehr erfolgreiche Bearbeitungsverfahren mit guten Ergebnisprognosen. Sie können jedoch nicht als Mängelbeseitigung im Sinne der vertraglichen Nachbesserung verstanden werden, da

- beide Verfahren Gewerke sind, die als gesonderte Leistung vergeben und meist von bisher nicht am Projekt beteiligten Firmen ausgeführt werden,
- das Flächenergebnis in Qualität, Wertigkeit und Herstellungsaufwand meist deutlich höher einzuordnen ist, als das ursprüngliche vertragliche Gestaltungsziel – der Bauherr erhält also im vertraglichen Sinne eine teurere, aber auch hochwertigere Leistung.

5.5.2 Ausblühungen

Ausblühungen treten nahezu nur an bewitterten Flächen auf. Sie bestehen aus schwer löslichem Calciumcarbonat [5.01], das sich aus leicht löslichem Calciumhydroxid bei Abtrocknung der Betonoberfläche unter Einwirkung von Kohlendioxid bildet. Ausblühungen werden durch kalte und feuchte Witterung begünstigt. Sie sind an Betonbauteilen in jungem Alter relativ häufig, fallen jedoch auf helleren Sichtbetonflächen meist nicht auf.

Auf mit Pigmenten eingefärbten oder dunklen Flächen können sie eine sehr auffällige Abweichung darstellen. Ausblühungen sind baustoffbedingt und stellen keine technische Einschränkung des Bauteils dar, sondern betreffen lediglich das Aussehen der Betonoberflächen. Ausblühungen treten in den ersten drei Jahren auf und klingen häufig spontan ab. In sehr seltenen Fällen können sie dauerhafter sein und sich bei ungünstigen Feuchtigkeitsbedingungen zu krustenartigen Ablagerungen aufbauen.

Da Ausblühungen nahezu wasserunlöslich sind, helfen im Allgemeinen nur mechanische unterstützte Reinigungsverfahren. Lediglich leichte und vollflächig generalisierte Ausblühungen können durch verdünnte Zitronen- oder Ascorbinsäure (0,5 bis 3 %) abgewaschen werden. Die Säurekonzentration und das Waschverfahren (Wischen, Spülen etc.) sind durch Vorversuche abzusichern.

Als mechanische Bearbeitung kann die im Kapitel 5.3 beschriebene Schleifreinigung versucht werden. Bei verstärkt partiellem Auftreten von Ausblühungen sollte manuell gearbeitet werden. Geeignete Schleifmittel sind Schleifvliese unterschiedlicher Härte als Handpads, Trocken- und Nassschleifpapiere mit Körnungen ($\geq$ P600), oder einseitig planebene Foamglasstücke. Vorversuche an untergeordneten Flächen sind unbedingt notwendig.

Durch den Einsatz mechanischer Verfahren wird die Oberfläche rauer und erscheint optischer dunkler. Die Flächenaufrauungen bleiben, je nach Blickwinkel, mehr oder weniger stark sichtbar. Gleiches gilt für die Unteransichten von Decken.

Zur Prävention von Ausblühungen an Außenflächen können Lasuren oder Tiefenhydrophobierungen eingesetzt werden. Lasuren und Hydrophobierungen verhindern den Feuchtigkeitstransport in den Betonrandzonen bzw. schränken ihn erheblich ein und können Ausblühungen wirksam verhindern. Hierzu sollte die Sichtbetonfläche in möglichst jungem Alter behandelt werden. Der günstigste Zeitpunkt einer Hydrophobierung stellt einen Kompromiss zwischen ausreichender Reife, Austrocknung und passenden Umgebungs- und Witterungsbedingungen dar. Betonflächen, die abweichend von den natürlichen Grauschattierungen des Betons eingefärbt wurden, müssen direkt nach dem Ausschalen, in jedem Fall aber vor dem ersten Kontakt mit Niederschlagswasser mit einer Lasur oder einer Tiefenhydrophobierung behandelt werden.

5.5.3 Bleistiftverschmutzungen

Bleistiftmarkierungen können mit einem weichen Radiergummi oder einem Topfschwamm entfernt werden. Allerdings kann eine radierte Fläche an Glanz und Glätte verlieren.

5.5.4 Rostfahnen und Rostflecken

Der Gefahr von Rostflecken kann im Allgemeinen nur präventiv begegnet werden, da es kein zuverlässiges Verfahren für die Entfernung von Rostflecken gibt. Anders als bei Ausblühungen sind die Rostpartikel in die Zementmatrix der Betonoberfläche eingebunden und durch mechanische Verfahren nicht mehr völlig zu entfernen. Reinigungsverfahren, wie bei Ausblühungen, helfen nicht oder müssen so gefügetief ausgeführt werden, dass eine stark angeraute oder angeschliffene Betonoberfläche zurückbleibt.

Bei Rostverfärbungen geringer Ausprägung und Intensität kann eine Schleifreinigung oder durch feuchte Bearbeitung mit groben Reinigungsbürsten („Wurzelbürsten") oder Foamglas eine Verbesserung des Flächenbilds bringen.

Die Anwendung handelsüblicher Rostentferner kann im Einzelfall geprüft werden, hilft aber selten weiter. Rostentferner basieren häufig auf anorganischen Säuren und verändern die Textur der Betonoberfläche nachhaltig.

Bei geringeren, partiellen Rostverfärbungen sollte eine Behandlung mit einer 0,5 bis 3 %igen Ascorbinsäurelösung geprüft werden. Reine Ascorbinsäure ist z. B. in Drogeriemärkten und -abteilungen als pulverförmiges Vitamin C erhältlich. Die Säurelösung wird mit einem benetzten Spülschwamm aufgetupft und nach kurzer Zeit mit einem feuchten Lappen wieder abgewischt. Vor allem auf sehr hellen Betonflächen kann diese Maßnahme abhelfen.

5.5.5 Fehlstellen an Schalungsfugen und Kanten, Kiesnester

Für alle Nachbesserungsarbeiten, die einen Mörtelauftrag auf die bestehenden Flächen vorsehen, gilt, dass die Reparaturstelle auch bei größtem handwerklichem Geschick oft später erkennbar bleibt. Es ist daher immer durch Vorversuche zu prüfen, ob die Nachbesserung im Endzustand den

Bild 5.10: Rostverfärbungen an einer Weißbetonuntersicht (Bild: A. Weiler)

Bild 5.11: Fläche wie Bild 5.08 nach Behandlung mit verdünnter Ascorbinsäure (Bild: A. Weiler)

Gesamteindruck u. U. stärker stört, als die aktuelle Abweichung.

Fehlstellen werden meist mit Reparaturmörteln oder Spachtelmassen nachbearbeitet. Hierbei kann mit einem fertigen Reparaturmörtel oder mit einem aus den Ausgangsstoffen des Sichtbetons zusammengesetzten Mörtel gearbeitet werden. Vorkonfektionierte Systeme bieten häufig Möglichkeiten der farblichen Komposition an, etwa indem eine dunkle Graukomponente mit einer helleren oder weißen Komponente zur gewünschten Helligkeit vermischt werden kann. Obwohl diese Systeme im Allgemeinen gute Annäherungen an die Helligkeit des Betons im Bereich der Reparaturstelle erlauben, ist die Farbanpassung an den umgebenden Betons oft nicht zufriedenstellend nachzubilden. Hinzu kommt, dass vorkonfektionierte Systeme oft hohe Gehalte an organischen Beimischungen enthalten, welche die Reparaturstelle bei wechselnden Feuchtezuständen farblich stark vom Altbeton abweichen lassen. Dies ist vor allem bei der Anwendung an Außenflächen zu beachten. Die farbliche Angleichung ist stets im ausgehärteten und trockenen Zustand zu beurteilen.

5.5.6 Fehlstellen mit freiliegender Bewehrung

Bei Fehlstellen großer Ausdehnung oder mit freiliegender Bewehrung ist zunächst die Wiederherstellung der normativ geforderten technischen Dauerhaftigkeitsanforderungen zu beachten. Dies gilt auch und vor allem dann, wenn die abschließende kosmetische Angleichung der Fläche durch einen betonkosmetischen Fachbetrieb ausgeführt werden soll. Die technische Instandsetzung einer größeren Fehlstelle mit freiliegender Bewehrung sollte in Beachtung oder zumindest in weitestmöglicher Anlehnung an die Regelungen der DAfStb-Richtlinie *Schutz und Instandsetzung von Betonbauteilen* [1.18] ausgeführt und durch eine sachkundige Person begleitet werden. Dies gilt vor allem, wenn am zu bearbeitenden Bauteil eine der Expositionsklassen XA, XD oder XS gelten. In diesen Fällen erfordert die Sicherstellung des Korrosionswiderstandes im Bereich der Fehlstelle eine sachkundige Planung und Ausführung.

5.5.7 Risse in Sichtbetonbauteilen

Risse in Betonbauteilen werden je nach Rissbreite manchmal als störend empfunden. Die Betonbautechnik hält verschiedene Techniken bereit, um Risse in ihrer Anzahl und Breite zu beschränken, z. B. durch Vorspannung, Begrenzung der Bauteilgeometrien oder eine entsprechende Bewehrungsführung. Die vorliegenden Regelwerke zur Bemessung der Gebrauchstauglichkeit sind für rissbeschränkende Maßnahmen auch für Sichtbetonbauteile im Allgemeinen ausreichend, sofern der Bauherr hierzu nicht besondere Anforderungen erhebt. Die Verfahren der Rissbegrenzung bedingen in manchen Fällen technische oder ästhetische Folgeeffekte, die in der Planungsphase Abstimmung zwischen Tragwerksplanung und Architektur erfordern können.

In der Baupraxis ist eine regelkonforme Rissbildung selten ein Grund von Beanstandungen, da die Forderung nach geringeren Rissbreiten zusätzliche Bewehrung erfordert und damit höhere Kosten. Sind in der Ausschreibung keine Angaben zu zulässigen Rissbreiten gemacht, gelten die Grenzwerte aus [1.01].

Stahlbetonwände können vereinzelt oder manchmal auch in einer gewissen Regelmäßigkeit senkrechte Risse zeigen. Bei Sichtbetonwänden hängt die gestalterische Akzeptanz dieser Risse vor allem von den Rissbreiten und vom Betrachtungsabstand ab.

Während bei Sichtbetonwänden meist vor allem ästhetische Belange diskutiert werden, betreffen solche Risse im Allgemeinen Stahlbetonbau die Dauerhaftigkeit des Bauteils. Daher sind in der *Bemessungsnorm* [1.01] Verfahren und Grenzwerte vorgegeben, um diese Risse in Anzahl und Breite zu begrenzen.

Betonoberflächen können zur Erzielung einer besonderen Sichtbetonoptik auf vielfältige Weise bearbeitet werde. Sie können gewaschen, gestrahlt, gesäuert, geschlif-

Bild 5.12: Riss in einer gestrahlten Sichtbetonfläche (Bild: Sodeikat)

fen oder mit steinmetzmäßigen Techniken bearbeitet werden.

Bei allen mechanischen Bearbeitungstechniken besteht die Gefahr, dass Risse aufgeweitet werden. Besonders beim Strahlen werden die Rissflanken verstärkt abgetragen und der Riss erscheint nach dem Bearbeiten deutlich breiter als vorher.

Beim Säuern besteht die Gefahr, dass die planmäßig aufgetragene Säure die oberste Zementsteinschicht auch in den Rissflanken abträgt und so zu einer stärkeren Wahrnehmung des Risses führt.

5.5.7.1 Beurteilung von Rissen

Im *Merkblatt Sichtbeton* [1.14] sind diverse Einzelkriterien zur Beurteilung eines Sichtbetons aufgeführt wie z. B. Farbtongleichmäßigkeit, Porigkeit oder Ebenheit. Dabei ist – wie bereits dargelegt – der Gesamteindruck des Bauwerks stärker zu bewerten als die Einzelkriterien. Stimmt der Gesamteindruck, sind die Einzelkriterien auch bei Nichteinhaltung nicht von Belang.

Grenzwerte oder andere Beurteilungsgrundlagen zur Bewertung von Rissen sind in den Einzelkriterien der Sichtbetonklassen im Merkblatt Sichtbeton nicht enthalten. Die Praxis zeigt auch, dass Risse nur sehr selten maßgebende Kritikpunkte bei der Abnahme eines Sichtbetonbauwerks sind. Wie bei allen Kriterien gilt, dass ein angemessener Betrachtungsabstand eingehalten werden soll. Also der übliche Abstand eines Betrachters des Bauwerks bzw. Nutzers dieses Raumes. Wenn es zur zulässigen Rissbreite keine anderslautenden bauvertraglichen Vorgaben gibt, gelten die Grenzwerte von [1.01].

5.5.7.2 Nachträgliches Schließen von Rissen

Risse, welche die o. g. Grenzwerte von [1.01] erheblich überschreiten und so die Dauerhaftigkeit des Bauteils gefährden, müssen auf technisch geeignete Weise verschlossen werden. Ein Verschluss von Rissen aus gestalterischen Gründen ist eine betonkosmetische Maßnahme und wird nur Risse betreffen, die technisch unbedenklich sind. Somit werden an die kosmetische Bearbeitung eines Risses, außer einer hinreichenden Dauerhaftigkeit, im Allgemeinen keine technischen Anforderungen gestellt.

Zunächst sollte sichergestellt werden, dass sich der Riss nicht mehr bewegt, sonst reißt er wieder auf. Bei üblichen Bauteilen des Hochbaus reicht es im Allgemeinen aus, die kosmetische Bearbeitung eines Risses möglichst spät nach der Herstellung durchzuführen, da die rissverursachenden Einflüsse zu diesem Zeitpunkt weitestgehend abgeklungen sind. Risse im Sichtbeton werden üblicherweise oberflächeneben und geschlossen, also farbgleich gespachtelt. Dabei muss ein „Verschmieren“ des Spachtelmaterials neben dem Riss unbedingt verhindert werden bzw. im noch frischen Zustand entfernt werden. Das Erproben der Vorgehensweise an nicht sichtbaren Stellen ist unbedingt notwendig. Firmen, die auf Betonkosmetik spezialisiert sind, beherrschen diese Technik.

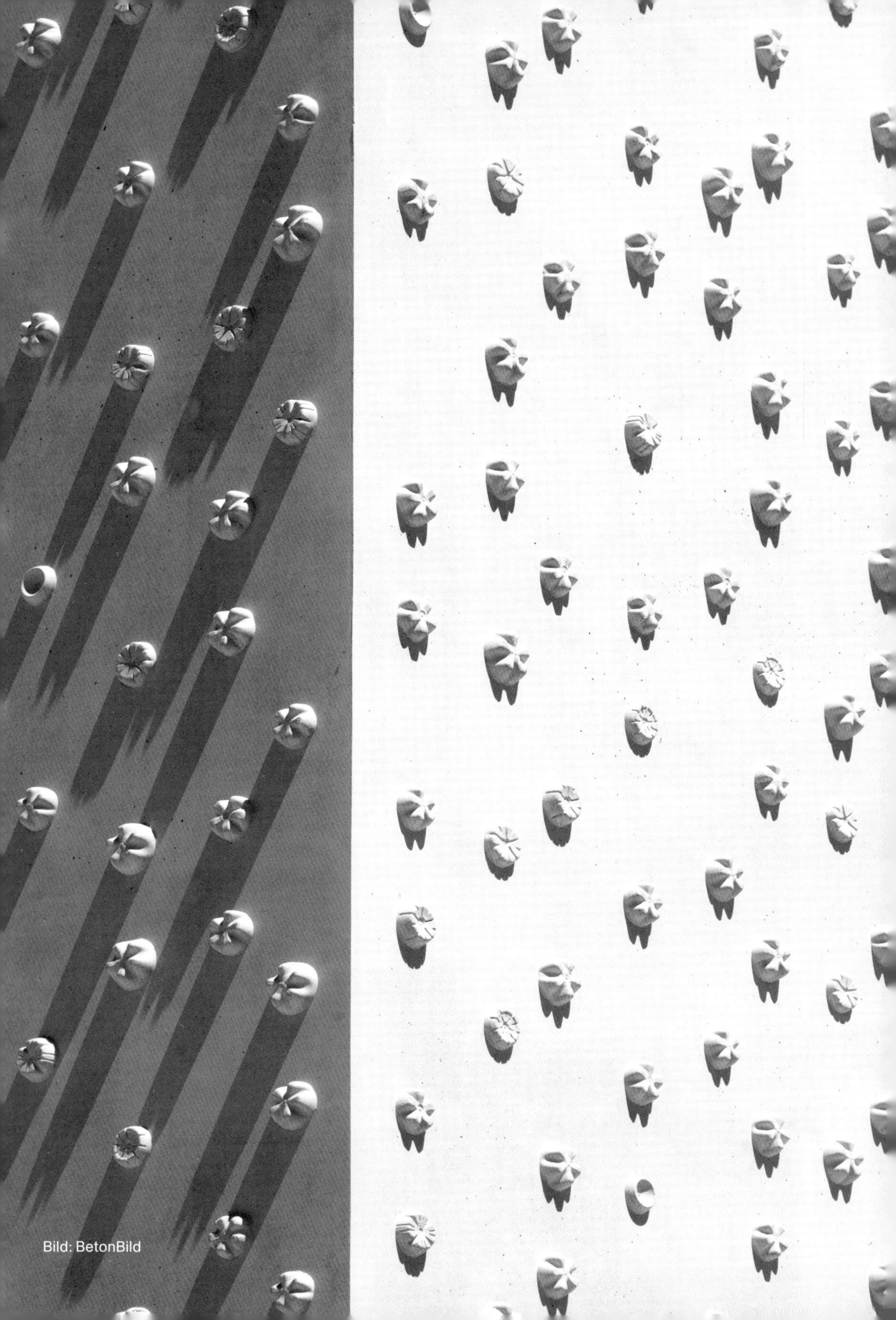

Bild: BetonBild

6 Langzeitschutz und Konservierung

In den vorangegangenen Kapiteln wurden zu unterschiedlichen Themen Lasuren und z. T. auch Hydrophobierungen von Sichtbetonoberflächen erwähnt. In der klassischen Technologie beider Verfahren ist noch eine deutliche Differenzierung zu erkennen:

- Unter einer Hydrophobierung wird im Allgemeinen eine wasserabweisende „Tränkung" des porigen Gefüges in der Betonrandzone verstanden. Als Wirkstoffe werden vor allem ölige Silan- oder Siloxanverbindungen eingesetzt, deren Fließ- und Eindringvermögen durch den Zusatz dünnflüssiger und leicht verdunstender Lösungsmittel verbessert wird. Das Lösungsmittel transportiert die Silikonwirkstoffe tief in das oberflächennahe Porensystem und lässt sie nach dem Verdunsten dort zurück. Die Wirkstoffe bilden also keinen festen substanziellen Materialfilm, sondern eine wasserabweisende Imprägnierung der Betonrandzone. Hydrophobierungen unterbinden den Transport von Feuchtigkeit in die Betonrandzone. Damit werden auch rasche, tiefe Verschmutzungen, mikrobielle Besiedlungen (Veralgungen) und frostbedingte Substanzverluste vermindert, was natürlich auch einen Schutz der gestalterischen Wirkung der Fläche darstellt. Der Nachteil dieser Behandlung ist, dass ihre Wirkung zeitlich beschränkt ist und sich von der Bauteiloberfläche nach innen abbaut. Die Wirkung lässt also zuerst an der Oberfläche nach, wo der Schutz für ein gutes Aussehen am Wichtigsten ist, während tieferliegendes Gefüge noch hydrophob reagiert. Klassische Hydrophobierungen können aufgrund ihrer stofflichen Charakteristik auch das Abmehlen von Oberflächenstaub nicht verhindern und sie können keine kaschierenden oder farbtönungsbildenden Pigmente binden. Die Dauerhaftigkeit handelsüblicher Hydrophobierungen beträgt im derzeitigen Stand der Technik je nach Produkt zwischen 7 und 15 Jahren. Eine Nachapplikation ist, meist nach einer Reinigung der Flächen, problemlos möglich.

- Lasuren können als sehr dünne Beschichtungen verstanden werden, welche die Eigenfarbe und Textur des Untergrundes durchscheinen lassen. Aufgrund der geringen Wirkstoffkonzentration und ihres ebenfalls sehr leichten und tiefen Eindringens in das randnahe Porengefüge des Betons bilden sie im Allgemeinen jedoch keinen tastbaren oder optisch auffälligen Beschichtungsfilm, sondern lediglich einen weitgehenden Verschluss der oberflächennahen Poren mit ggf. einer leichten Verfestigung der Betonrandzone. Lediglich beim mehrfachen Auftrag einiger Lasurprodukte kann es zu einer erkennbaren Filmbildung kommen. Lasuren bauen sich nicht in gleicher Weise ab wie klassische Hydrophobierungen und können Zementstaub und Pigmente binden. Sie eigenen sich als farblose, färbende oder farbtongebende Flächenapplikation und können fast alle Arten der natürlichen Verschmutzung oder Alterung einer Betonoberfläche erheblich vermindern oder zumindest für die Zeit ihrer Wirksamkeit ganz verhindern. Zudem sind lasierte Flächen in Grenzen selbstreinigend bzw. leicht zu reinigen. Lasuren behalten ihre Wirkung nach den derzeitigen Erfahrungen etwa 15 bis 20 Jahre und länger. Als großtechnische Anwendungen auf Betonflächen sind sie aber erst seit etwa 20 Jahren in der fachöffentlichen Wahrnehmung. Nachapplikationen sind im Allgemeinen problemlos möglich.

In den letzten 5 bis 10 Jahren hat sich die Technologie von Hydrophobierungen und Lasuren durch die zunehmende Anwendung an Sichtbetonflächen erheblich entwickelt, sodass die klassische Einordnung in die beiden genannten stofflichen Charakteristiken vor allen an den neuesten Produktentwicklungen nicht mehr in allen Fällen zutreffend ist. Es werden Hydropho-

Bild 6.01: Aufhellend lasierte Sichtbetonfläche nach acht Jahren ohne erkennbare Verschmutzungen und Witterungsspuren

bierungen angeboten, die durchaus Staub und Pigmente binden können und eher Lasurcharakter haben. Die anwendungstechnischen Abteilungen spezialisierter Fachfirmen stellen für jedes Anwendungsziel individuelle Produkt- und Verfahrenskombinationen zusammen und beraten sowohl die Planung wie auch die Ausführung bei Auswahl und Anwendung.

Hydrophobierungen und Lasuren bieten einen sehr wirksamen und weitestgehend unsichtbaren Schutz für alle Sichtbetonflächen. An mit Pigmenten durchgefärbten Betonflächen im Außenbereich ist die frühe Lasur unmittelbar nach der Herstellung der Bauteile als notwendiger Schutz vor Kalkschlieren obligatorisch. An klassisch glatten Ortbetonflächen im Außenbereich ist eine geeignete Lasur (oder entsprechend wirksame Hydrophobierung) eine gute Langzeitkonservierung der Qualität, die durch die Möglichkeit der partiellen Kaschierung von Abweichungen durch eingearbeitetes Pigment gleichzeitig eine kosmetische Aufwertung ermöglicht. Diese Art der Konservierung ist auch bei allen nachbearbeiteten Außenflächen (Stocken, Strahlen, Waschen, Säuern) möglich und wirksam. An den Innenwandflächen in Arbeits- und Publikumsbereichen können „dünne" Lasuren (oder entsprechend wirkende Hydrophobierungen) lästiges Abmehlen der Wandflächen verhindern und die Reinigbarkeit verschmutzungsgefährdeter Flächenbereiche verbessern.

Da Hydrophobierungen und Lasuren zur Konservierung der Flächenqualität und zur Verbesserung der Nutzungseigenschaften in Art und Verfahren den Maßnahmen einer kosmetischen Bearbeitung durch einen betonkosmetischen Fachbetrieb nahe stehen, kann es technisch und kostenmäßig günstig sein, beide Maßnahmen zu kombinieren (siehe auch Kapitel 3.4 und Kapitel 5.4).

Häufig werden vor allem an außenliegenden Sichtbetonflächen Maßnahmen zum Graffitischutz erforderlich. Die hierzu angewendeten Produkte und Verfahren unterscheiden sich in Wirkung und Sichtbarkeit deutlich von den vorgenannten Schutzmaßnahmen einer Lasur oder Hydrophobierung. Grundsätzlich ist auch im Graffitischutz die Entwicklung nicht abgeschlossen und das jeweilige Angebot am Markt zu prüfen.

Die Schutzwirkung gegen Grafifiti beruht, wie bei allen Flächen aus porösen mineralischen Baustoffen, überwiegend auf dem Prinzip der Trennschichtbildung: auf die Bauteilfläche wird ein Trennmaterial aufgebracht, dass bei üblichen Witterungsbedingungen stabil ist, jedoch durch einen heißen Druckwasserstrahl teilweise oder ganz abgewaschen werden kann. Sollte eine behandelte Fläche mit Graffiti verunreinigt werden, kann diese mit der ganzen oder mit Teilen der Trennschicht abgewaschen werden. Ein irreversibles Eindringen von Lack-, Fett- oder Farbteilen in die poröse Flächenrandzone wird auf diese Weise wirksam verhindert.

Auf Putz- oder Mauerwerksflächen ist die Graffitischutzschicht im stark wechselnden Texturbild der Flächen oft nahezu unsichtbar. Auf Betonflächen, vor allem auf glatten Sichtbetonflächen, ist eine Graffitischutzschicht zumindest gegenüber benachbarten unbehandelten Flächenbereichen meist deutlich erkennbar – auch, wenn diese durch eine Lasur oder eine Hydrophobierung behandelt wurden. Deshalb sind Wirkung und Effekt vor allem mit Blick auf die Behandlungsgrenzen am Bauwerk nicht nur technisch, sondern auch gestalterisch festzulegen.

Literatur

[1.01] DIN EN 1992, Eurocode 2: Bemessung und Konstruktion von Stahlbeton- und Spannbetontragwerken und DIN EN 1992 NA (Nationales Anwendungsdokument)

[1.02] DIN EN 206, Beton – Festlegung, Eigenschaften, Herstellung und Konformität

[1.03] DIN 1045-2, NAD zu DIN EN 206

[1.04] DIN EN 13670, Ausführung von Tragwerken aus Beton

[1.05] DIN 1045-3, NAD zu DIN 13670

[1.06] DIN-Fachbericht 100, Beton – Zusammenstellung von DIN EN 206-1 und DIN 1045-2

[1.07] DAfStb-Heft 600 – Erläuterungen zu DIN EN 1992-1-1 und DIN EN 1992-1-1/NA (Eurocode 2)

[1.08] DAfStb-Heft 526 – Erläuterungen zu den Normen DIN EN 206-1, DIN 1045-2, DIN 1045-3, DIN 1045-4 und DIN EN 12620

[1.09] VOB, Teil A, Allgemeine Bestimmungen für die Vergabe von Bauleistungen

[1.10] VOB, Teil B, Allgemeine Vertragsbedingungen für die Ausführung von Bauleistungen

[1.11] VOB, Teil C, Allgemeine Technische Vertragsbedingungen für Bauleistungen (ATV), DIN 18299, Allgemeine Regelungen für Bauarbeiten jeder Art

[1.12] VOB, Teil C, Allgemeine Technische Vertragsbedingungen für Bauleistungen (ATV),DIN 18331, Betonarbeiten

[1.13] DIN 18217, Betonflächen und Schalungsbau

[1.14] DBV/VDZ-Merkblatt „Sichtbeton"

[1.15] FDB-Merkblatt Nr. 1: Sichtbetonflächen von Fertigteilen aus Beton und Stahlbeton, 12/2012

[1.16] FDB-Merkblatt Nr. 8 über Betonfertigteile aus Architekturbeton, 01/2009

[1.17] DIN 18202, Toleranzen im Hochbau

[1.18] DAfStb-Richtlinie „Schutz und Instandsetzung von Betonbauteilen"

[2.01] DBV-Merkblatt „Abstandhalter nach EC 2"

[2.02] Fiala, H.; Raddatz, J.: Braune Verfärbungen auf Sichtbetonflächen. Beton-Informationen 2/2003

[2.03] DGUV-Vorschrift 81, Unfallverhütungsvorschrift „Schulen“

[2.04] DAfStb-Richtlinie „Selbstverdichtender Beton“

[2.05] DIN EN 12620 „Gesteinskörnung für Beton“

[5.01] Zement-Merkblatt B27 „Ausblühungen“ (www.beton.org)

Arbeitshilfe für Ausbildung, Planung und Baupraxis

Erstmals 1976 erschienen, liegt das Buch „Beton – Herstellung nach Norm" jetzt als aktualisierte Neuauflage vor. Angesichts eines sich im Umbruch befindlichen Regelwerks liefert sie gewohnt übersichtlich und kompakt Basiswissen und Normeninhalte des Betonbaus für Praxis, Studium und Lehre. Grundlage ist dabei die gemäß Bauregelliste 2015/2 immer noch gültige DIN EN 206-1:2001-07 in Verbindung mit der DIN 1045-2:2008-08 und ihren Änderungen. Weiterhin werden die Änderungen durch die DIN EN 13670 mit den zugehörigen Anwendungsregeln der neuen DIN 1045-3 sowie die Neufassung der DIN EN 1992 und ihrer Nationalen Anhänge (EC 2) berücksichtigt.

Beton – Herstellung nach Norm
Autoren: Roland Pickhardt,
Thomas Bose, Wolfgang Schäfer
IZB (Hrsg.), 103 S.,
Verlag Bau+Technik,
Düsseldorf 2016
ISBN 978-3-7640-0595-5
€ 24,80

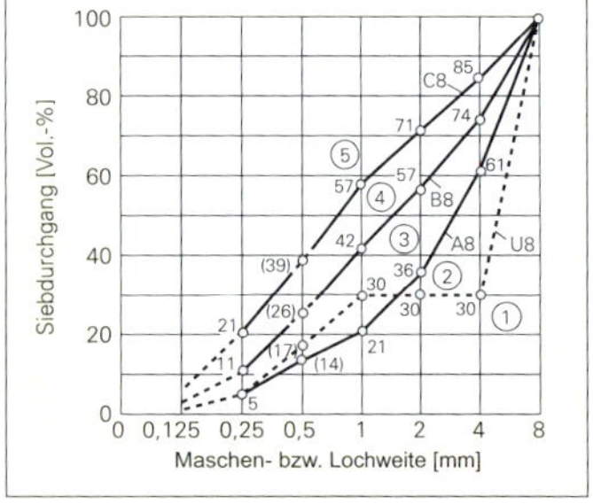

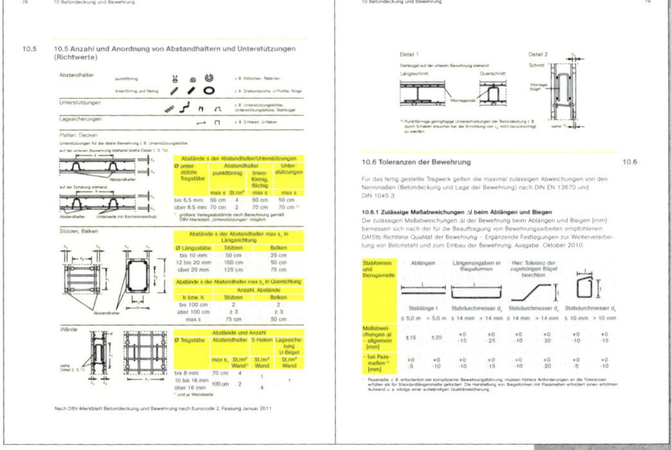